AF329949

BIBLIOTHÈQUE CHRÉTIENNE
DE L'ADOLESCENCE ET DU JEUNE AGE,
publiée avec approbation
de Monseigneur l'Evêque de Limoges.

Propiété des Editeurs.

Regardez Agnès regardez, c'est un héron!

VOYAGE
EN ANGLETERRE

OU

LEÇONS D'HISTOIRE NATURELLE

Traduit de l'Anglais

Par Mme TREMBICKA.

LIMOGES
F. F. ARDANT FRÈRES
rue des Taules

PARIS
F. F. ARDANT FRÈRES
25, quai des Augustins.

VOYAGE

EN ANGLETERRE.

I

LE MARMOZET ET LA MANGOUSTE.

La maman d'Agnès Merton devait faire un long voyage pour visiter plusieurs contrées de l'Angleterre, et ne voulant pas se séparer de sa fille, âgée de sept ans, elle se décida à l'emmener avec elle, ce qui rendit la petite parfaitement heureuse, car elle aimait beaucoup à voyager. Birmingham était le premier endroit où elles devaient s'arrêter ; et comme M. Merton allait par le chemin de fer, la mère et la petite fille eurent bien garde de manquer l'heure précise du rendez-vous des voyageurs à Easton-square.

Agnès n'avait pas l'idée d'un chemin de fer; aussi fut-elle saisie et presque effrayée à la vue de cette multitude de voitures. Elle le fut davantage encore en voyant la foule de gens rassemblés en ce lieu pour s'assurer de leur place, et tous bien pressés, bien occupés, tandis que les porteurs allaient çà et là, voiturant leurs brouettes chargées d'une innombrable quantité de coffres et de sacs de nuit. Agnès se tenait bien serrée contre sa maman, et respira librement lorsqu'un homme leur indiqua la voiture qui portait le numéro marqué sur leur billet. A peine y étaient-elles placées qu'une dame s'avança sur la plate-forme, accompagnée d'un domestique qui portait un singe marmozet, et ce curieux animal absorba, par ses mouvements grotesques, toute l'attention d'Agnès. Il n'était pas plus gros qu'un écureuil, et presque aussi agile que cette gentille petite créature ; car il ne restait pas tranquille un seul instant, passant tantôt la tête dans le bras du domestique, puis se plaçant sur son épaule, ou s'enlaçant autour de sa personne, tandis que le

domestique retenait de sa main la chaîne attachée à la ceinture de cuir noir qu'on avait
passé autour du cou de la petite bête. Agnès
ne se possédait pas de joie ; elle étudiait tous
les mouvements de cet intéressant animal,
qui était couvert de longs cheveux d'un brun
clair, bordés de gris, ce qui lui donnait l'air
d'être rayé : sa queue était très longue et
très distinctement marquée avec des raies
blanches et noires, tandis que sa figure présentait le caractère le plus pénétrant, le plus
rusé qu'il fut possible de concevoir. Ses petits yeux noirs et perçants ressortaient au
moyen de deux touffes de cheveux blancs
qui pendaient de leur côté, et ses oreilles,
qui étaient extrêmement grandes, se rele-
vaient et se baissaient tour à tour, comme si
elles écoutaient tout ce qui se disait autour
d'elles. La dame à qui il appartenait avait
paru longtemps en suspens pour savoir où
monter, lorsqu'enfin, à la grande joie d'Agnès,
on ouvrit la portière de la voiture dans laquelle elle se trouvait avec sa maman ; la
dame s'y plaça, le domestique lui donna le
singe et se retira.

— Avez-vous jamais vu un singe pareil à
celui-ci ? demanda-t-elle à Agnès, aussitôt
qu'elle se fut établie dans la voiture, et
qu'elle eut observé l'attention avec laquelle la

petite fille suivait les drôleries de son favori.

— Jamais, reprit Agnès ; il ressemble précisément à un vieux homme.

— C'est le nom que les matelots lui ont donné, répliqua la dame, lorsqu'il arriva avec eux du Brésil, sa patrie. Ses tours plaisants avaient fait de lui le favori de tout ce qui se trouvait à bord du vaisseau qui le portait en Europe.

— Que j'aimerais à les entendre raconter ! s'écria Agnès.

— Si votre maman le trouve bon, reprit la dame, je vous dirai tout ce que j'en sais.

Mistriss Merton y acquiesça avec plaisir, et remercia la dame qui continua ainsi :

— J'avais longtemps désiré avoir un singe de cette espèce ; mais quoiqu'on en trouve beaucoup au Brésil, le hasard fit qu'il y en eut fort peu durant le séjour que nous y fîmes et je n'en pus obtenir un que peu de jours avant de mettre à la voile pour l'Europe. Mon mari étant à la place du marché, à Bahia, ville où nous demeurions, y vit un esclave qui avait ce singe à vendre, avec plusieurs autres animaux sauvages.

— Comment ! demanda Agnès, ce même singe ici était donc sauvage ?

— Mais oui, répliqua la dame ; il y a beaucoup de singes sauvages dans les bois du

Brésil, et les personnes qui les attrapent en font un objet de commerce.

— Je suppose donc que le singe avait commencé par avoir bien peur de vous, et qu'il ne se laissait pas caresser comme à présent.

— Il ne se laissait pas seulement approcher ; mais je n'eus guère le temps de l'apprivoiser, car dès le lendemain il fut conduit à bord. Comme il n'avait jamais vu de vaisseau, il fut tellement effrayé de chaque chose, et se montra si sauvage, si farouche, que personne ne se souciait de venir trop près de lui. On lui avait fait un joli petit chenil qu'on mit sur le pont, mais il n'y demeura pas un seul instant. Petit à petit cependant, notre vieux homme, comme l'appelaient les matelots, devint moins sauvage, quoiqu'il ne perdit rien de son activité et de sa turbulence. Pendant qu'il était nourri ou caressé, il lui suffisait d'apercevoir un *cockroach*, qu'il s'élançait comme un éclair, remuait sa longue queue, et se jetant de côté et d'autre, semblable au chat qui poursuit une mouche jusqu'à ce qu'il ait saisi sa proie. Il y en avait tout plein de ces *cockroachs* dans le vaisseau, et quelques-uns étaient de deux pouces de longueur. Lorsque le petit bonhomme avait attrapé un ces grands insectes, il jetait autour de lui ses petits yeux perçants, et s'il croyait ne pas être observé, il s'asseyait satisfait et préparait son repas. Il s'y prenait d'une façon toute particulière; car d'abord il se mettait à enlever la tête, puis il déplaçait les entrailles et les jetait de côté; ensuite il dépouillait soigneusement l'insecte de ses ailes, de ses ailerons et de ses pattes, recouvertes d'une sorte d'écaille, et il finissait par dévorer sa carcasse, avec tous les signes d'une évidente satisfaction.

— Mais je pense, dit Agnès, qu'il ne devait pas être à jeun, puisqu'il prenait si fort ses aises en se préparant à dévorer une aussi petite bête. Il lui restait peu de chose après qu'il avait enlevé tous les accessoires.

— Vous oubliez, reprit la dame, de m'avoir entendu dire que quelques-uns de ces insectes sont assez grands; et c'est avec ceux-là seulement qu'il prenait autant de peine. Il n'était pas, à beaucoup près, si exigeant avec les petits; et son appétit se réveillait si bien à leur vue, qu'il en dévorait quelques douzaines par jour. Son activité et sa vigilance ont été sans pareilles tant qu'il s'est trouvé dans un élément chaud; assis sur le pont, ses yeux perçants étincelaient en cherchant toujours quelque chose, et ses grandes oreilles restaient tendues comme pour attraper chaque son. Dès qu'un étranger s'approchait, il s'élançait en poussant un de ces cris désagréables et perçants qui lui ont valu au Brésil le nom d'Ouistiti.

— Quel horrible nom ! dit Agnès.

— Il n'est pas fort mélodieux, reprit mistriss Merton ; et se retournant vers la dame, elle lui demanda quelle était la nourriture du singe sur le vaisseau.

— Son manger ordinaire, répliqua celle-ci, se composait d'oranges, de bananes, de mangoustes et de blé indien (maïs) ; mais comme la distribution de ces provisions s'est trouvée limitée depuis, on l'a nourri le reste du voyage avec du lait, du sucre, des raisins et des miettes de pain. Lorsque le vaisseau approchait des côtes d'Angleterre, le climat le refroidissait considérablement, et le pauvre marmozet semblait en souffrir ; les *cockroachs* n'avaient plus rien à redouter, car leur actif et infatigable ennemi de jadis, se tenait renfermé dans sa maisonnette, enfoncé dans une pièce de flanelle qu'on y avait mise pour le tenir chaud, et dont il s'enveloppa comme d'une robe de chambre, ne montrant son museau que lorsque les rayons du soleil se faisaient sentir à lui, et revenant dans son antre au premier souffle d'un vent un peu froid.

— Pauvre chère créature ! s'écria Agnès.

— Lorsque notre vieux homme vint en Angleterre et fut placé dans une chambre bien chauffée, continua la dame, il retrouva quelque chose de sa première vivacité, car il se mit à courir çà et là, entraînant sa maisonnette après lui. Il ne souffrait pas toutefois qu'on prît garde à lui, et paraissait indigné lorsqu'on voulait le toucher ou le caresser ; son goût pour les *cockroachs* ne revint plus. C'est alors que je me mis à le faire manger, et il goûta particulièrement les gelées et le fruit mûr ; je lui donnai aussi beaucoup de lait et des miettes de pain, de façon qu'il devint gras et bien portant. Il commença à s'apprivoiser et s'attacher à moi de manière à manger dans ma main et à venir à ma vue; mais il n'en continua pas moins d'être méchant avec les étrangers, même après être resté longtemps domicilié chez nous; si quelqu'un voulait le prendre ou jouer avec lui, ses yeux étincelaient, les cheveux qu'il avait des deux côtés de la tête se dressaient aussitôt, ses narines s'entr'ouvraient, il grinçait des dents, tandis que ses petits traits contractés prenaient une drôle d'expression de rage. Il aimait toutefois à jouer avec le chat de la maison, ce qui est d'autant plus remarquable, que les singes sont généralement grands ennemis des chats.

— C'est vraiment singulier, dit M. Merton; mais les animaux perdent parfois, en s'apprivoisant, leurs antipathies naturelles. Croyez-vous, madame, que la petite pût toucher votre singe sans aucun risque? continua-t-il en voyant qu'Agnès mourait d'envie de le caresser.

— Oh ! il n'y a pas le moindre danger, répliqua la dame. Depuis la mort de mon mari, Jacopo a été mon inséparable compagnon, et il est fort attaché aux enfants.

— Je me rappelle avoir vu, observa mistriss Merton, que cette espèce aime particulièrement ses petits. Il y a eu à Paris un couple de singes avec trois petits, les premiers, je crois, qui fussent nés en Europe. La mère était, à vrai dire, insouciante, et semblait fatiguée des soins à leur donner ; et quand cela avait lieu, elle présentait ces petites créatures à leur père, ou les plaçait gaîment sur son dos. Celui-ci les prenait généralement dans ses bras, les soignait, jouait avec eux jusqu'au moment où le besoin de nourriture le forçait de les rendre à la mère.

— Combien j'eusse voulu voir tout cela ! s'écria Agnès.

— Comme votre fille, Madame, a écouté avec plaisir ce que j'ai pu dire de mon singe, dit la dame à mistriss Merton, peut-être qu'elle aimera à entendre parler d'un autre animal vraiment curieux, appelé la mangouste, que mon frère a apportée des Indes-Orientales, il y a quelquelques années de cela, qu'il garde chez lui, et à laquelle il tient beaucoup.

— Certes, j'aimerais à en apprendre quelque chose, quoique je ne sache pas exactement ce que peut être une mangouste.

— La mangouste, reprit la dame, est une bête semblable au furet, ayant à peu près deux pieds de long, native des Indes-Orientales, mais couverte d'une épaisse fourrure, d'un poil velu, comme si elle venait d'un pays froid. Celle dont je parle est une femelle apportée de Madras en Angleterre. Sa couleur apparente est gris argenté ; mais en observant à part chacun des cheveux qui sont longs et durs, on le verra tacheté de noir, de brun, de blanc, comme les épines d'un porc-épic ; sa tête est petite, ses jambes courtes et fortes, et sa queue est longue et bien fourrée près de son corps, mais mince au bout.

— Cette bête est-elle intelligente ? demanda Agnès.

— Elle est très curieuse, reprit la dame, et elle parcourt la maison de son maître, furetant dans tous les recoins et dévorant tous les insectes qu'elle rencontre. Elle est très légère et très active ; et après qu'elle a bien examiné chaque réduit du parquet, elle s'élance sur les chaises, les tables, courant de l'une à l'autre, et fourrant le museau dans les poches des gens. Elle se sert de ses pattes de devant en guise de mains, et met une grande dextérité à examiner les robes et autres choses pareilles, les retournant de tous côtés comme pour savoir ce qui en est ; sa queue semble lui servir pour grimper et se retourner en tous sens, et il arrive souvent qu'elle la frappe avec une telle force contre un meuble ou tel autre objet qu'elle la met en sang.

— La mangouste joue-t-elle avec le chat comme vôtre petit Jacopo ? demanda encore Agnès.

— Non, reprit la dame ; mais elle s'est liée avec le chien de la maison. Lorsqu'on l'apporta chez mon frère, elle grommela, et ses cheveux se hérissèrent à la vue du chien ; il s'en suivit une légère contestation ; mais après que la mangouste eut mordu le chien, ils devinrent bons amis, et continuèrent ainsi depuis lors. La mangouste est douée d'une force égale à son activité : elle joue avec toute la grâce du chat, dessinant son long corps en lui faisant prendre différentes attitudes, dont l'une des plus amusantes est celle de la voir sur sa queue et ses jambes de derrière, ou bien grimpant comme le kanguroo.

— J'imagine, dit mistriss Merton, que la mangouste ressemble trop au chat pour se contenter simplement de pain et de lait.

— Vous avez raison, reprit la dame, en la comparant au chat; car le changement qui se fait en elle lorsqu'elle mange est vraiment curieux à observer. Elle est en général douce et docile; mais du moment qu'elle voit son repas, sourtout si c'est un oiseau vivant qu'on lui donne, elle devient féroce et rapace; ses yeux étincellent, elle pousse un gémissement sourd et sauvage, et si quelqu'un s'approche elle grince des dents et s'apprête à mordre. On lui présenta un jour une cuvette pleine d'eau où l'on mit un œuf : elle plongea rapidement pour l'attraper et s'enfonça jusqu'aux épaules, comme elle le fait lorsqu'elle s'attend à y trouver des petits vers; mais lorsqu'on met devant elle un plus large bassin, l'eau semble lui avoir ôté la vue, et après quelques efforts superflus pour plonger, elle reste tranquille près du bord, épiant les vermisseaux à mesure qu'ils se présentent sur la surface, et s'en empare alors. Elle se nourrit volontiers d'oiseaux, et grimpe avec dextérité sur les buissons pour les attraper.

II

LES PERDRIX DE LA VIRGINIE ET LES ÉCUREUILS VOLANTS.

La conversation de la dame à qui appartenait le singe devenait si intéressante, et les
tours grotesques de celui-ci étaient si parfaitement amusants, que mistriss Merton et sa
fille furent bien fâchées de voir, en arrivant
à Birmingham, qu'il fallait se séparer, parce
que leur compagne de voyage se rendait à
Liverpool. Mistriss Merton et Agnès se diri-
gèrent vers la maison de M. Linton, cousin
de cette dame, où elles se proposaient de
rester deux ou trois jours. M. et mistriss Linton
demeuraient à Edgbaston, à peu de distance
de la ville, où ils avaient un grand jardin ;
et mistriss Merton et Agnès ne furent pas plus

tôt arrivées, que Georges et Henriette Linton entraînèrent leur cousine au jardin pour lui faire voir un couple de surperbes perdrix de la Virgine, qu'on avait envoyées d'Amérique à leur père. Les enfants restèrent si longtemps à admirer ces oiseaux et à les faire manger, que les parents commencèrent à s'en inquiéter et vinrent les rejoindre; Agnès courut aussitôt à sa maman, en lui demandant de raconter ce qu'elle savait de l'histoire et des habitudes de ces oiseaux.

— Ces belles créatures, dit mistriss Merton, qu'on appelle généralement perdrix, sont plutôt des cailles, à vrai dire. Elles sont originaires de l'Amérique du Nord, et répandues sur toute l'étendue de sa surface; car on les trouve depuis le nord du Canada jusqu'au sud de la Floride, voyageant en bandes comme les perdrix européennes. Celles de la Virginie se plient aisément aux habitudes domestiques; on les voit même dans leur état sauvage approcher fréquemment des fermes, et se mêler avec les oiseaux des granges pour y chercher leur nourriture; quand on les effraie, elles se réfugient dans les forêts, se perchent sur les branches des arbres, ou se cachent dans les buissons; ces oiseaux commencent à bâtir leurs nids dès le mois de mai; ils les font à terre, mais avec grand soin; on les voit chercher d'ordinaire une touffe épaisse de gazon pour fondement, mais ils forment leur nid avec des feuilles et de l'herbe sèche, le recouvrant par en haut, et ne laissant qu'une seule ouverture pour servir d'entrée : la femelle est très soigneuse de ses petits, et joue la boiteuse pour éloigner le chasseur de son nid, tout comme la perdrix européenne; on se procure souvent ces perdrix en Amérique, en faisant couver leurs œufs par une poule ordinaire; mais quoique venues de cette manière, et tout-à-fait apprivoisées pendant un certain temps, elles s'enfuient dans les forêts dès qu'elles ont atteint leur entière vigueur.

— Nos oiseaux, dit M. Linton, ont couvé leurs œufs et fait éclore leurs petits ici. Le printemps dernier, on avait déposé dans l'emplacement où sont les perdrix quelques perches dont nous nous servons pour les pois; à la fin du mois de mai, j'aperçus le mâle prenant des brins de paille avec son bec, et les plaçant au-dessus de sa tête d'un air de petit-maître, comme s'il en tirait vanité. Je l'épiai, et je le vis donner ces brins de paille à la femelle, qui se tenait au milieu des perches de nos pois; je découvris bientôt qu'ils allaient construire leur nid. Ils y travail-

laient l'un et l'autre avec la plus grande assi-
duité , et il fut bientôt prêt et tout-à-fait
joli ; c'était un de ces nids comme vous venez
de les décrire, recouvert par le haut, et
entr'ouvert de côté pour laisser les oiseaux
entrer et sortir librement, tel que celui d'une
corneille ; et lorsqu'il fut achevé, la femelle
pondit douze œufs et les couva comme l'aurait fait une poule ordinaire. Lorsque je
pensai que le temps de faire éclore les petits était arrivé, j'examinai le nid et le
trouvai vide, quoiqu'il y eût çà et là quelques œufs épars qui paraissaient avoir évi-
demment contenu la jeune couvée. Charmé
de cette circonstance, je cherchai la mère de
tous les côtés et sa petite famille, et je parvins
enfin à la découvrir , quoique le premier
indice que j'eus de sa présence fût son élan
précipité à ma vue, tout comme eût fait une
poule ordinaire dans un semblable cas. Je vis
alors les neuf petits oiseaux rassemblés sous
les ailes de la mère, dont l'attention était
toute concentrée sur eux, et qui les élevait
avec très peu de peine. Lorsqu'ils eurent
revêtu leur plumage, ils commencèrent à dé-
périr sans que je pusse en marquer la cause,
et moururent tous avant Noël. J'examinai leur
estomac et leurs entrailles sans en savoir davantage ; mais j'imagine que cette mortalité

extraordinaire aura été occasionnée par quelque substance nuisible qu'ils auront mangée dans l'endroit où je les avais placés en les séparant de leurs parents, qui ne s'en ressentirent pas.

— Le mâle est-il venu à l'aide de la femelle pendant qu'elle couvait ses œufs? demanda mistriss Merton.

— Non, reprit M. Linton : j'ai bien entendu parler de quelques oiseaux où le mâle et la femelle réchauffent alternativement les œufs, mais ici ce n'était pas le cas. Le mâle borna ses attentions à aider la femelle à construire le nid, et à lui donner des sérénades pendant qu'elle restait assise sur ses œufs; et il le faisait avec les tons les plus durs et les plus extraordinaires qui eussent jamais frappé mes oreilles, dont quelques-uns même ressemblaient aux miaulements d'un chat. Il y avait encore une autre particularité : c'est qu'il tournait constamment dans le même cercle, jusqu'à ce que le terrain sur lequel il faisait ses évolutions devînt nu comme le grand chemin, et le gazon tel qu'on le voit après qu'on a fait les foins.

Lorsque les jeunes oiseaux furent éclos, cette heureuse famille présenta un tableau de bonheur et d'harmonie. A l'approche du soir, il se réunissaiant en cercle sur le gazon, et se préparaient au sommeil de la nuit en plaçant leurs queues ensemble, tandis que leurs jolis petits becs restaient à l'avant-garde, comme pour faire sentinelle.

— Le mâle aimait-il ses petits à l'égal de la mère? demanda mistriss Merton.

— Tout autant, répliqua son cousin. Lorsqu'on répandait leur pâture habituelle autour d'eux, qui consistait en froment, en orge et en un peu de pain, le mâle ne touchait à rien avant qu'il n'eût appelé la femelle pour le partager, et il le faisait en remuant la tête, en se pavanant, et agitant sa queue et ses ailes.

La compagnie s'était promenée tout en causant; et lorsqu'on entra dans le coin le plus reculé de la cour, on aperçut une espèce de cage, semblable à la cabine d'un lapin, où se tenaient quelques petites bêtes d'une activité remarquable.

— Qu'avez-vous donc encore ici? demanda mistriss Merton.

— Quelques écureuils volants, reprit M. Linton, qui m'ont été envoyés d'Amérique avec les perdrix que vous venez de voir.

— Sont-ils apprivoisés? demanda mistriss Merton.

— Sans contredit, répliqua M. Linton; et

à leur arrivée ici nous nous amusâmes à les laisser courir le soir dans l'appartement où nous restions alors.

— J'aurais pensé qu'ils n'aimeraient pas à jouer le soir, dit Agnès.

— Tout au contraire, répondit M. Linton ; ils dorment plutôt dans la journée, accroupis ensemble, la queue sur le museau ; mais dès que le soir arrive, et même la nuit, ils sont constamment en mouvement. À l'époque dont je parle, dès que j'ouvrais la porte de leur cage, ils sautaient sur moi, et se glissaient généralement dans mon gilet ou dans les poches de ma redingote : après que je leur avais donné leur nourriture dans la journée, je trouvais, à ma grande surprise, quelques heures après, que j'en avais un dans mon mouchoir de poche ; quelquefois il m'arrivait, en allant à cheval, de porter ma main à ma poche, et d'en tirer un écureuil.

— Je ne puis dire que cela m'eût convenu, dit mistriss Merton.

— Ni à moi non plus, répondit madame Linton, et nous dûmes finir par les enfermer ici. Mais, avant cela, nous avions l'habitude, comme je vous le disais tantôt, de les faire courir chaque soir autour de nous, et nous eûmes la facilité de les voir sauter, ou, si

l'ont veut, voler dans la chambre, quoique,
à vrai dire, il n'y ait pas de locomotion de
ce genre, qui consiste dans l'expansion de
la peau, depuis les pattes de devant jusqu'à
celles de derrière

— Comment font-ils donc pour se mouvoir ?

— Lorsqu'ils se préparent à courir, ils
secouent leur tête du haut en bas à trois ou
quatre reprises, comme pour calculer la distance et accroître le pouvoir de leur bond ;
et en général ils sautent de quelque hauteur
sur un objet qu'ils ont précédemment eu en
vue. Leur puissance de s'élever paraît très
bornée chez eux ; ce qui s'explique aisément,
en songeant que l'expansion de la peau agit
seule comme parachute. Ils tombent par degrés, en dessinant une courbe dans l'air, tandis que leur corps reste dans une position
horizontale complète ; ils ne descendent jamais tête baissée, ou obliquement, ainsi qu'on
pourrait le supposer en voyant les charmantes
esquisses de Landseer, dans le *Fauna Borea-
lis*. Lorsqu'ils descendent, leurs jambes sont
tendues, et la partie inférieure de leurs corps
reste enfoncée, comme la paume de la main
avec les doigts étendus.

— Je me rappelle cette esquisse dont vous
parlez, dit mistriss Merton, et j'en ai tant

admiré la beauté que je suis bien fâchée qu'elle ne soit pas correcte.

— Je ne prétends pas affirmer, reprit M. Linton, que, dans l'état sauvage, ils descendent seulement horizontalement; mais je suis certain qu'ils ne le font pas en général. J'ai vu mon écureil prêt à se précipiter de la corniche du plafond, de douze pieds de hauteur, sur ma table, et s'étant aperçu que, s'il continuait dans cette direction, il sauterait tout droit sur la bougie allumée, il se jeta de côté, déviant d'un pied de sa première intention; mais il ne me paraît pas qu'il ait eu le pouvoir de se détourner au-delà. Je comprends toutefois que, dans l'état sauvage, descendant de quelque arbre d'une grande élévation, ils puissent se guider en quelque sorte, en se portant obliquement, et être poussés à de grandes distances par la force du vent; ce qui les fait ressembler, dit Beurick, à d'innombrables feuilles qui tombent éparses de toutes parts.

— Les écureuils sont généralement disposés à cacher les choses, observa mistriss Merton; vos petites créatures ont-elles la même propension?

— Oui; tels que toute la tribu de leur espèce, ils sont portés à garder les provisions dont ils n'ont pas immédiatement besoin, et j'ai eu maintes fois l'occasion d'observer leur mémoire par rapport aux endroits où ils avaient caché leurs noisettes et autre mangeaille. Ils se sont amusés un soir à fourrer des noisettes dans le bonnet de ma femme, et quatre jours après, lorsqu'on les fit sortir de leur cage, ils coururent directement à madame Linton et examinèrent rigoureusement les dentelles, cherchant leur trésor caché. J'ai même observé que, quelque abondante que fût leur nourriture, ils n'étaient jamais satisfaits de la quantité à laquelle on les avait accoutumés, et qu'ils allaient enlevant et cachant ce qu'ils ne pouvaient plus manger, jusqu'à ce que tout eût disparu.

— Nos amis, dit mistriss Linton, ont été souvent amusés en observant nos écureuils assis tranquillement sur la corniche de l'appartement, au-dessus des rideaux, tant que le thé n'était pas apporté; une foi servi, ils descendaient l'un après l'autre, se posaient sur ma tête ou sur la table, et volaient des morceaux de sucre avec une telle dextérité que nous pouvions rarement les attraper sur le fait. Nous étions souvent obligés de couvrir le sucrier pour avoir du sucre à notre disposition. Les écureuils restaient à épier l'occasion, et enlevaient en attendant de petits morceaux de pain grillé ou de gâteau

qu'ils emportaient dans la corniche, et par-
couraient la chambre jusqu'à ce qu'ils se
fussent assurés d'un coin pour y cacher leur
trésor volé; alors ils grattaient avec leurs
pieds de devant pour faire une petite ouverture, y enfonçaient leurs provisions avec
leur nez et leur museau, et puis marchaient
dessus.

— Je me rappelle, observa M. Linton, que
lorsque le salon où nous nous tenions d'ordinaire eut été repeint, nous trouvâmes dans
la corniche dix-huit morceaux de sucre,
outre une quantité de miettes de pain et de
gâteau.

Pendant qu'on peignait la chambre, les
écureuils ne purent naturellement y avoir
leurs ébats du soir; mais après trois semaines
ou un mois de reclusion, il leur fut permis
d'y revenir, et nous fûmes grandement amusés
en les voyant courir tout à l'entour, et en
observant leur anxiété de ne pas pouvoir
trouver leurs provisions. Dès que le thé fut
servi, ils se mirent à voler le sucre, mais ils
le cachèrent dans les coins de l'appartement,
sous le tapis et derrière les livres; ce qui
prouve qu'ils avaient assez d'intelligence pour
s'être aparçus que leur première cachette
offrait peu de sécurité.

— Ont-ils eu jamais des petits? demanda mistriss Merton.

— Oui, reprit M. Linton, au mois de mars, la seconde année, je trouvai un petit écureuil, précisément après que la cage venait d'être nettoyée, et je l'élevai ; j'eus depuis l'occasion de me procurer deux couples de plus, qui, après quelque batailles, finirent par vivre paisiblement tous ensemble ; mais comme la famille devenait trop nombreuse pour venir autour de la chambre, nous les établîmes dans cette cage. Les écureuils eurent encore des petits depuis ; mais il n'en vint jamais plus de deux à la fois. J'ai remarqué qu'ils naissaient généralement au mois de mars ou au mois d'avril, et qu'ils restaient aveugles près de trois semaines après leur naissance.

— S'il nous arrivait, poursuivit mistriss Linton, de déranger les petits dans leur nid, la mère les transportait immédiatement dans un autre coin de la cage. On dit que l'écureuil commun, dans ce pays, déplace aussi ses enfants dès qu'il est dérangé. Lorsque nous nous en fûmes aperçus, nous ôtâmes souvent les petits écureuils de leurs nids, dans l'intention d'épier la mère quand elle les transporterait ailleurs ; ce qu'elle fit en pressant le petit au-dessous de son corps avec sa patte de devant et son museau, jusqu'à ce qu'elle pût s'emparer de sa jambe de derrière et de son cou ; alors elle s'élançait avec une telle rapidité qu'il était difficile de voir si le petit était là ou non. Comme les jeunes écureuils grandissaient, ce qui arriva bientôt, et devenaient plus pesants, cette entreprise offrait plus d'inconvénients. Nous vîmes alors la mère prendre le petit sur son dos, et tandis qu'elle retenait la jambe dans son museau, les pattes de devant du petit étaient enlacées autour de son cou ; quelquefois, en essayant de sauter par dessus les pots de terre que j'avais placés dans la cage, elle perdait son aplomb, et tombait avec le petit ; mais aussitôt qu'elle approchait de terre, elle laissait échapper le petit écureuil, pour empêcher qu'il ne fût écrasé par son poids, ce qui fût immanquablement arrivé s'ils fussent tombés ensemble. J'ai vu les petits transportés ainsi jusqu'à ce qu'ils eussent atteint la moitié de leur grandeur naturelle.

III

DES FAUCONS ET DE LA FAUCONNERIE.

Après avoir agréablement passé quelques
jours à Birmingham, mistriss Merton et sa
fille allèrent visiter sir Edward Peregrine,
vieux gentilhomme qui vivait dans une belle
terre du comté de Sommerset, et qui se piquait de suivre, en tant qu'il dépendait de
lui, toutes les coutumes de ses ancêtres. Entre
autres choses, sir Edward avait une belle
héronnière dans sa terre, et gardait une
quantité de faucons pour chasser à l'oiseau,
imitant aussi fidèlement que possible la manière dont ses ancêtres procédaient dans ce
genre d'amusement.

Le lendemain de l'arrivée de mistriss Merton, la sœur du baron, miss Peregrine, qui
demeurait avec lui et faisait les honneurs de

sa maison depuis la mort de sa femme, en-
gagea cette dame à ne pas refuser une partie
de chasse à l'oiseau, si son frère venait la lui
proposer. Mistriss Merton répliqua que sa seule
objection était relative à Agnès, qui souffrirait
en voyant les oiseaux tourmentés par les faucons. Miss Peregrine la rassura, en disant que
généralement ces oiseaux étaient tués d'un
seul coup, et ne pouvaient souffrir longtemps,
ce qui décida madame Merton à accepter la
partie.

Miss Peregrine ne s'était pas trompée ; car
dès que son frère eut jugé ces dames suffisamment reposées des fatigues de leur voyage,
il leur proposa de fixer un jour pour ce qu'il
nommait une noble récréation , et fut en-
chanté de l'empressement de madame Merton à accepter ses offres , tandis que son
fils, jeune homme de dix-sept ans, parla
avec enthousiasme de cette chasse, dont il essaya de leur donner l'idée. Agnès écoutait
tout avec attention; mais ne le comprenant
pas trop, elle se hasarda à demander ce que
voulait dire le mot de fauconnerie.

— Le noble art de la fauconnerie, ou l'ac-
tion de chasser avec des oiseaux de proie, dit
sir Edward, était autrefois tenu en si grande
estime, qu'une personne de noble lignage ne
se croyait pas digne de son rang si elle en

ignorait les règles. Le temps qu'il fallait pour élever un faucon, les frais considérables que coûtait cet oiseau, avaient mis ce plaisir exclusivement à la portée des riches, et non-seulement les grands seigneurs, mais les princes et les rois y consacraient tous leurs loisirs, voire même les dames ; et vous rencontrez souvent une vieille peinture représentant une dame montée sur son palefroi, suivie de son fauconnier qui porte le faucon favori sur son poing, ou que la dame tient elle-même de cette façon.

Les oiseaux dont on se sert pour cette chasse, observa miss Peregrine, appartiennent à cette série appelée à présent *raptores*, dérivé de *raptor*, c'est-à-dire brigand, pillard ; mais Linnée les distingue par le terme *accipitres*, d'*accipio*, prendre ; et dans le langage de la fauconnerie on les distingue par le nom général de faucons. Les espèces dont on se sert communément sont : le pérégrin ou faucon commun, le gerfaut, le hobereau l'émerillon, l'autour et l'orfraie. Entre ceux-là, le pérégrin et le gerfaut servaient pour la noble chasse ; le hobereau et l'émerillon pour chasser aux petits oiseaux; on employait l'autour à cette sorte de chasse particulière qui consiste à faire courir l'oiseau de côté, au lieu de se précipiter sur sa proie, et l'on allait à la pêche avec l'orfraie.

— Mais encote, reprit Agnès en regardant timidement sa mère, je n'entends pas trop la signification de la chasse au faucon que font ces oiseaux.

— Les faucons, mon enfant, reprit sa mère, vont poursuivre dans les airs d'autres oiseaux, comme les lièvres et les renards ont à leur poursuite les chiens dans nos forêts. Les faucons sont conduits par le fauconnier, et quand ce dernier voit un oiseau qu'il désire tner, il lance son faucon après lui. Le faucon s'élève fort haut dans les airs et fond sur le pauvre oiseau qu'il tue d'un coup de bec, et qu'il vient présenter à son maître dans ses serres. Il y a plus d'une espèce d'oiseaux employés à cette chasse, comme miss Peregrine a bien voulu vous le dire, et vous en verez plusieurs demain.

— Elle peut les voir dès à présent, si vous le permettez, dit miss Peregrine en prenant Agnès par la main. Je m'en vais lui présenter tous les oiseaux de mon frère, et vous allez venir avec nous; mon neveu Frédéric pourra nous accompagner aussi, je pense, et il nous dira quelque chose sur les habitudes de ces oiseaux.

Mistriss Merton et Frédéric y consentirent avec plaisir, et ils allèrent tous ensemble voir les faucons.

— Cet oiseau qui nous regarde d'une manière si subtile, dit miss Peregrine, c'est le faucon commun. Il est de cette espèce qu'on appelle nobles oiseaux de proie; et quoique son corps soit petit, l'étendue de ses ailes et l'expression de ses yeux lui donnent un air grave et plein de dignité. Il est originaire d'Europe et des îles de la Méditerranée, et on le trouve toujours dans les montagnes et les rochers. C'est peut-être le plus courageux des oiseaux de cette taille, et lorsqu'il attaque sa proie, il s'élève à une grande hauteur et descend de là perpendiculairement sur elle; puis il s'élance majestueusement à la même hauteur à peu près; si elle est néanmoins trop pesante, le faucon la dépèce en petits morceaux, et la dévore sur les lieux mêmes.

— Le nid, ou plutôt l'aire du faucon, observa Frédéric, est bâti dans les cavités des rochers les plus arides, exposés vers le sud, et la femelle pond trois ou quatre œufs qui sont d'un jaune tirant sur le rouge, avec des taches brunes. Aussitôt que les petits sont en état de se procurer eux-mêmes leur nourriture, les vieux faucons les chassent non-seulement du nid, mais les forcent encore de quitter le district qu'ils se sont exclusivement réservé.

— Que c'est donc égoïste et cruel ! s'écria Agnès.

— Vous oubliez, reprit sa mère en souriant, que je vous ai souvent dit qu'il fallait prendre votre parti sur les cruautés des animaux, parce qu'ils obéissent à l'impulsion de leur instinct ; c'est seulement la créature douée de raison et de volonté qui peut être cruelle. Mais nous avons interrompu miss Peregrine, et elle va, j'espère, nous en raconter davantage au sujet des faucons. — Cette espèce (le faucon commun), reprit la dame, est connue pour vivre de longues années. On en trouva un au cap de Bonne-Espérance, en 1793, avec un collier d'or autour du cou, sur lequel était gravé le nom de Jacques, roi d'Angleterre, portant la date de 1610. Cet oiseau pouvait avoir près de deux cents ans, et cependant il paraissait plein de santé et de vigueur.

Mais ce qu'il y a de plus curieux relativement aux faucons, dit Frédéric, c'est le soin qu'on met à les élever. Les jeunes oiseaux sont enlevés avant qu'ils aient quitté le nid, et tenus dans les ténèbres et à jeun durant plusieurs jours ; après cela, c'est le fauconnier qui les nourrit et les instruit à connaître sa voix et à venir sur sa main dès qu'il les appelle. On les essaie ensuite en plein air, et on les lance en premier lieu contre un pigeon retenu par une ficelle. S'ils le mettent en pièces après l'avoir tué, ils sont battus ; mais s'ils le rapportent intact au fauconnier, ils sont caressés et nourris de bœuf cru, qu'ils préfèrent à tout. Enfin, quand l'éducation du faucon est achevée, on lui fait poursuivre les oiseaux sauvages.

— Avez-vous jamais lu un ouvrage très curieux sur la fauconnerie, nommé le livre de Saint-Albans ? demanda miss Peregrine à mistriss Merton.

— Jamais, quoique j'en aie beaucoup entendu parler ; et il m'a toujours paru extraordinaire qu'une dame s'occupât d'un pareil sujet.

— Nous avons ce livre, reprit miss Peregrine, et je suppose que dame Julienne Berners l'écrivit pour démontrer le noble sang qui coulait dans ses veines ; car, dans ce temps-là, cette sorte de chasse appartenait exclusivement aux hautes classes. Le livre nous apprend que les différentes espèces de faucons étaient appropriées aux différents états de la société, et que le faucon commun n'était lancé que par quelqu'un qui tenait le rang de prince.

— C'est bien drôle ! dit Agnès en riant. Quel oiseau ont-ils donc assigné aux rois ?

— Le gerfaut, reprit miss Peregrine : cet oiseau qui vous regarde fixement d'une manière si pénétrante, et qui est considéré comme égal, sinon comme supérieur au faucon commun dans leur destination respective, est cependant plus farouche et moins docile que celui-ci, et son éducation demande plus de soins. Lorsqu'on l'enlève du nid, il reste près de six semaines dans l'obscurité et assujéti à un très strict régime de vie. Le fauconnier attache alors une des ailes de l'oiseau avec un fil, et jette de l'eau sur son corps au moyen d'une éponge; la tête est tapée sans qu'on enlève le chaperon, et le bec frotté avec l'aile d'un pigeon; si l'oiseau le supporte tranquillement, le chaperon est élargi, et les yeux découverts par degrés, tandis que le bec reste muselé; petit à petit, le gerfaut s'habitue à obéir à la voix de son gardien et à sauter sur sa main; mais deux ou trois mois s'écoulent avant qu'il ne soit apprivoisé de manière à être démuselé. Lorsqu'on croit l'oiseau suffisamment docile, on lui présente l'aile d'un pigeon couverte de sang, sur laquelle il se précipite et qu'il met en pièces avec fureur. Ensuite le gerfaut est instruit à prendre les hérons et autres espèces d'oiseaux, et, lorsqu'il est bien élevé, on dit qu'il peut offrir une chasse plus agréable qu'aucune autre sort de faucon. Autrefois un roi de Danemarck envoyait chaque année, dit-on, un vaisseau en Islande, pour tirer de cette île les véritables gerfauts, qu'on croit supérieurs à ceux des autres pays. Ces oiseaux étaient ensuite envoyés comme présent à tous les souverains de l'Europe, et il y en avait quelques-uns dans la fauconnerie royale de France au temps de Louis XVI.

— Avez-vous encore d'autres espèces de faucons? demanda Agnès.

— Oui, reprit Frédéric, nous avons un hobereau. Cet oiseau est commun dans le nord de l'Europe; mais on prétend qu'il quitte l'Angleterre et les autres régions froides pour aller s'abriter pendant l'hiver sous un climat plus doux. On le trouve généralement dans les bois, et il fait son nid sur des arbres très élevés; ses œufs tirent sur le blanc et sont tachetés; le hobereau n'est pas absolument docile; on s'en sert dans la fauconnerie principalement pour les alouettes, les cailles et les bécassines. Il est d'une nature féroce, et on l'a vu s'élancer par une fenêtre ouverte dans un appartement pour attaquer un oiseau en cage.

— Nous avons aussi un émerillon, dit miss Peregrine, qui, quoique petit de taille, est d'un grand courage; et comme son vol est très rapide, il tient un rang élevé parmi les faucons. Dame Julienne Berners le représente comme digne d'un empereur. L'émerillon est un si excellent oiseau de chasse, qu'on en a vu un qui ne pesait pas plus de six onces frapper et tuer une perdrix d'un double poids; mais il est si acharné après sa proie qu'il est très difficile de la lui arracher lorsqu'il s'en est emparé. L'émerillon construit son nid sur terre, et ses œufs sont colorés d'un rouge brun.

— J'ai entendu dire, ajouta mistriss Merton, que le plumage de cet oiseau est d'une grande beauté. Lewis a célébré

> Les ailes de l'émerillon
> Avec leurs nuances de bleu éclatant.

Je crois qu'on l'appelle en France et en Allemagne le faucon du rocher, parce qu'il a l'habitude de se tenir sur le roc et la pierre. On prétend qu'il ne se trouve que pendant l'hiver en Angleterre; et quoiqu'on le rencontre sur le continent dans différents endroits, il n'est commun nulle part.

— L'émerillon, ajouta Frédéric, est le plus docile entre les faucons. Lorsqu'on l'apprivoise, il n'est pas nécessaire de couvrir ses yeux d'un chaperon après que le fauconnier l'a porté dans sa main, et qu'il l'a enjôlé en lui donnant quelques petits morceaux de viande ; il vole à lui du moment qu'il l'aperçoit. On lui enseigne facilement à prendre du gibier et à retourner sur le poing de son maître au premier appel. L'émerillon est spécialement employé à prendre les alouettes, les merles, les perdrix et les cailles.

— Avez-vous un autour ? demanda mistriss Merton.

— Oui, reprit Frédéric, il y en a un ici, mais nous ne nous en servons guère, car mon père n'en aime pas le vol. En effet, c'est un des oiseaux les plus paresseux, et au lieu de s'élever courageusement dans l'air pour s'élancer de là sur sa proie, comme font les faucons, il circule dans la même ligne que sa victime, et l'attrape à la dérobée, comme ferait un brigand qui se glisse derrière l'homme qu'il veut assassiner, avant même de l'abattre. Il se décourage facilement, et, s'il a manqué sa proie à la première tentative, il renonce à la poursuivre, se pose sur un buisson, et attend qu'un nouveau gibier se présente ou que son ancien ennemi soit forcé par la faim de sortir de sa retraite. Le vol de l'autour n'est pas élevé, et il se saisit de sa proie tout près de terre.

— Hewston, dit miss Peregrine, dans son ouvrage sur les œufs des oiseaux britanni-

ques, prétend que si l'autour n'est pas dérangé dans la position de son nid, il peut l'oc-
cuper des années entières en y faisant les
réparations nécessaires. Le nid est placé au
haut d'un arbre très élevé, sur la lisière du
bois ; on ne le trouve généralement pas dans
l'intérieur, excepté dans les clairières. La femelle ne pond que trois ou quatre œufs d'un
bleu pâle, sans aucune marque, et qui sont
en général éclos vers le milieu du mois de
mai.

— L'autour est aussi fort poltron pendant
son éducation, dit Frédéric ; et quoique disposé à se montrer l'arevêche lorsqu'on pris,
il n'a pas plutôt souffert de la faim qu'il s'a-
bandonne volontiers et qu'il obéit parfaitement à celui qui le nourrit. On doit prendre,
en l'élevant, un soin tout particulier : c'est
de ne pas le nourrir d'oiseaux ou de pigeons ;
car s'il en essayait une fois, les poulaillers et
les colombiers du voisinage courraient les plus
grands risques.

— Je ne peux pas souffrir cet autour ! s'é-
cria Agnès.

— Je me rappelle, dit mistriss Merton,
d'avoir vu en Écosse un oiseau que je crois
être l'orfraie ou l'aigle pêcheur. En avez-vous
un ici ?

— Non, reprit miss Peregrine, quoique

j'en aie fait mention lorsque nous commen-
çâmes à parler sur ce sujet. On l'appelle
aussi le faucon pêcheur ; c'est un grand oiseau, avec quelque chose d'élégant. Il se nourrit de poissons ; mais comme il ne sait ni
nager ni plonger, il ne se saisit de sa proie
que lorsqu'elle monte à la surface de l'eau.
Aussi, lorsqu'il cherche sa pâture, vous voyez
l'orfraie planant au-dessus des ondes, et se
précipitant sur le poisson infortuné qui se
présente à sa vue ; si la victime désignée aperçoit son danger et plonge, l'orfraie arrête
soudainement sa descente, et voltige quelques
secondes dans l'air, tel qu'un milan ou un
crécerelle, restant suspendu dans le même
endroit en agitant ses ailes ; il fait une seconde
tentative, et, si sa proie lui échappe encore,
il reprend sa première attitude au moyen
d'un vol en spirale tout-à-fait gracieux ; s'il
s'empare du poisson, c'est avec ses serres, de
manière que ses pattes semblent n'avoir pas
touché l'eau ; mais quelquefois aussi il en
frise la surface, au point d'en répandre des
gouttes autour de lui. Néanmoins il ne s'y
enfonce jamais, car, comme nous l'avons dit,
il ne sait ni nager ni plonger.

— L'orfraie, ajouta Frédéric, bâtit son
nid sur un roc, ou dans quelques ruines près
de la mer. Tant que la femelle couve ses œufs,

le mâle voltige près d'elle, attrape des poissons pour elle, et lui apporte tout ce dont
elle a besoin. Le père et la mère aiment mieux
leurs petits que ne le font généralement les
faucons; non-seulement ils ne les rejettent
pas loin d'eux dès qu'ils peuvent voler, mais
encore ils leur apportent des poissons longtemps après qu'ils ont quitté le nid, et même
quand tous les deux ont pris leur vol de côté
et d'autre.

IV

DES FAUCONS ET DE LA FAUCONNERIE.

CONCLUSION.

La matinée du jour fixé pour la chasse au
faucon se présenta aussi belle et aussi ra-
dieuse que pouvaient le désirer les amateurs
de ce plaisir; et l'intérêt produit par cette
scène se communiqua à mistriss Merton elle-
même. En premier lieu, on vit paraître dans
la grande cour du château un homme qui portait un châssis oblong, recouvert de maroquin,
sur lequel quatre couples de faucons étaient
perchés, tandis qu'une courroie retenait chaque oiseau sur les bâtons du châssis. Les faucons portaient une petite sonnette à une
jambe, et un chaperon de cuir, doublé d'une
pièce oblongue de drap rouge sur chaque œil,

surmonté par un élégant panache de plumes
de couleurs variées, qui flottait gracieuse-
ment au-dessus de leur tête. Puis venaient
quatre hommes portant un large sac autour
de leur taille, où il y avait un pigeon vivant,
qu'on appelle une *amorce*, attaché à une longue ficelle dont l'homme avait entouré son
bras et qu'il retenait dans sa main. Tous ces
gens étaient habillés de vert, suivis d'un certain nombre de gentilshommes, parmi lesquels
on voyait sir Edmond et son fils, quelques-
uns à cheval, d'autres à pied, la plupart portant des sacs et des amorces, tandis que la
voiture élégante des dames fermait le cortége.

Lorsque tout fut prêt, on se rendit à l'endroit désigné pour la chasse. Le fauconnier
marchait au milieu de son châssis suspendu
par des courroies à ses épaules, tandis que
les sonnettes des faucons s'agitaient à mesure
qu'il avançait. Les gentilshommes suivaient, à
pied ou à cheval, mais tous vêtus de vert et
tous portant des gants ou plutôt des gantelets
de cuir brun qui montaient jusqu'à mi-
manche de leur habit de chasse, enfin très
ressemblants à ce que nous voyons dans les
anciennes peintures. Le soleil paraissait dans
toute sa splendeur, et lorsque le carrosse
passa auprès d'une forêt de chênes antiques,
miss Peregrine dit que c'était la héronnière.

3..

Enfin ils arrivèrent à l'endroit désigné, où l'on voyait un espace de terrain situé entre la forêt de chênes et des marais qui longeaient la rivière, qui formait une espèce de lac en ce lieu. Sur le rivage se tenait un oiseau semblable à une grue, avec un pied relevé, la tête entre les épaules comme s'il dormait tout de bon. Mais du moment que la cavalcade approcha, l'oiseau poussa un cri perçant, et s'élançant à une grande hauteur, il vola ou plutôt vogua à pleines voiles vers la forêt de chênes. Regardez, Agnès, regardez! s'écria miss Peregrine ; c'est un héron.

Agnès vit alors le fauconnier poser son châssis sur quatre pieds de bois dont il s'était pourvu, retirer les faucons de leurs perches et les entraver, comme on dit en terme de fauconnerie, sur le terrain, en attachant leurs courroies à des buissons, qui les mettaient en même temps à couvert du soleil ; alors on entendit crier que quelques hérons étaient en vue, et chaque fauconnier plaça un faucon sur son gant en retenant la courroie de l'autre main. Les oiseaux se tenaient avec dignité sur les mains gantées de leurs maîtres, agitant leurs têtes empanachées et leurs petites sonnettes. Il y eut un autre cri : Otez les chaperons ! et Agnès vit les fauconniers qui étaient à cheval enlever les chaperons de leurs oiseaux, et galoper vers l'endroit où plusieurs hérons venaient de se montrer. Les fauconniers ne se donnèrent que le temps de désigner la proie à leurs oiseaux, et lâchant la courroie, ils firent échapper le faucon de dessus leur poing. A l'instant même les nobles oiseaux s'élevèrent dans les airs à une hauteur démesurée et coururent sus aux hérons. Dans l'intervalle une corneille traversa l'espace, et un des faucons, s'élançant sur elle avec la rapidité de l'éclair, la précipita sur le terrain d'une plantation voisine, où tous deux s'abattirent au milieu des arbres. L'autre faucon venait d'atteindre un des hérons qui laissa échapper de terreur deux ou trois poissons qu'il tenait dans son bec, et après avoir voltigé en cercle tout autour pendant un certain temps, il s'éleva au-dessus de sa victime terrifiée, et fondant sur elle, la frappa violemment sur le dos, et tous deux glissèrent d'une hauteur qui paraissait être sans mesure. Le héron était mort lorsqu'ils furent à terre ; et quand le fauconnier l'eut constaté, il tira son amorce : aussitôt le faucon s'élança sur le pigeon, abandonnant l'oiseau beaucoup plus précieux, qui fut enlevé tandis qu'on lui laissa dévorer le pigeon. Pendant ce temps, l'autre faucon, ayant fini avec la corneille qui lui échappa, attaqua un second héron, mais ne réussit pas à l'abattre. On lança d'autres faucons encore sans beaucoup de succès ; car il n'y eut qu'un héron d'abattu, bien que quelques grolles et quelques corneilles fussent tuées ; on ne plaça plus d'amorce devant les faucons, et on leur laissa dévorer une proie si commune sans nul empêchement.

Quoique Agnès ni sa mère n'eussent pas pris grand plaisir à assister aux transes de ces pauvres oiseaux, la scène dans son ensemble était brillante, animée ; une fois même, lorsque le second héron fut attaqué et qu'il combattit avec le faucon dans les airs, près de tomber ou de se relever, tandis que les cavaliers galopant en tous sens suivaient les mouvements des oiseaux, applaudissaient selon que l'un ou l'autre des combattants prenait le dessus, Agnès resta debout dans le carrosse, s'identifiant à toutes les circonstances de cette scène avec la plus grande anxiété ; tout-à-coup une acclamation plus vive annonça que la lutte était terminée, et Agnès voyant les derniers combattants tomber ensemble des nuages, se rassit enfin en frissonnant. Leur arrivée mit fin à la chasse ; on replaça les chaperons sur les yeux des faucons, on les rattacha au châssis, tandis que miss Peregrine proposa de retourner par la héronnière pour la faire voir à Agnès. A peine la voiture partait qu'elle fut arrêtée par sir Edward, qui demanda aux dames de lui faire place, se sentant très fatigué.

— Je ne suis plus jeune, ajouta-t-il en s'asseyant; mais c'est une consolation pour moi de voir que mon fils, dont les goûts sont semblables aux miens, maintiendra les choses sur le même pied lorsque je n'y serai plus.

Agnès comprenant qu'il faisait allusion à la fauconnerie, ne put s'empêcher de penser qu'il était singulier de voir sir Edward se réjouir de ce que son fils aimait un si cruel amusement; mais naturellement elle n'en dit rien, et quelques minutes après on arrivait à la héronnière. Après avoir regardé les oiseaux qui voltigeaient entre les arbres, sir Edward demanda à Agnès ce qu'elle pensait de la héronnière.

— Il me paraît, reprit-elle timidement, que cela ressemble beaucoup à un endroit que j'ai vu à Shenston; c'étaient des arbres fort élevés où les grolles faisaient leur nid.

— Il y a en effet très peu de différence, répliqua miss Peregrine, et, il y a quelques années de cela, une guerre à mort éclata entre les grolles et les hérons pour la possession des arbres situés dans la partie à l'ouest. Quelques beaux vieux chênes qui avaient servi aux hérons pendant des siècles ayant été abattus, ces oiseaux s'assemblèrent en corps et vinrent attaquer les grolles dans leur retraite ; celles-ci injustement envahies se défendirent de leur mieux, et il s'ensuivit des batailles dans lesquelles on vit succomber la plupart des combattants, quoique au total les hérons eussent le dessus. Enfin une trève fut conclue entre les partis opposés : le résultat fut que les hérons restèrent en possession de la moitié des arbres de la forêt, et les grolles de l'autre moitié ; depuis ce temps ces deux espèces d'oiseaux ont continué d'habiter en ces lieux.

— C'est certainement bien intéressant ce que vous venez de dire, dit mistriss Merton, et semblerait indiquer que non-seulement les oiseaux ont quelques moyens de s'entendre, mais encore qu'il y a dans leurs instincts presque de l'intelligence.

A cet instant le baron appela Agnès pour lui faire voir la branche d'un arbre que le vent avait enlevée, et qui était tombée sans déplacer le nid construit sur ses rameaux. Ce nid, large et plat, était formé de petites branches cimentées avec de la mousse ; il contenait quatre à cinq œufs d'un bleu vert, de couleur sombre.

— Ces œufs sont-ils gâtés ? demanda miss

Peregrine ; s'ils ne le sont pas, je vais les emporter et essayer de les faire couver.

— J'ai bien entendu parler de hérons apprivoisés, répondit mistriss Merton, mais je ne me rappelle pas qu'une poule les ait couvés, quoique à vrai dire cela pourrait arriver tout aussi bien.

Miss Peregrine n'était cependant pas destinée à mettre au jour les résultats de cette expérience ; car en examinant les œufs, on les trouva tous endommagés. Ayant satisfait leur curiosité, ils remontèrent en voiture.

— Vous avez l'air bien sérieux, Agnès ? demanda mistriss Merton, après un moment de silence.

— Je me demandais, reprit la petite fille, à quoi bon tuer des hérons ? à quoi peuvent-ils servir, car on n'en mange pas ?

— C'était autrefois, dit miss Peregrine, le plat favori des seigneurs, dans les grandes occasions ; mais à présent la seule partie de l'oiseau dont on fasse cas est la touffe de plumes qu'on vend à très haut prix.

— Je me rappelle avoir mangé du héron dans ma jeunesse, dit sir Edward, et ce n'était pas mauvais : cela avait un goût de poisson ; mais les annales chevaleresques de nos ancêtres ont fait passer jusqu'à nous le souvenir des fêtes où le héron formait un si grand rôle.

Pour donner un autre tour à la conversation et la rendre à la portée de sa fille, mistriss Merton demanda à miss Peregrine si l'on employait d'autres oiseaux dans la fauconnerie que ceux qu'on leur avait fait voir.

— Il y en a d'autres encore, reprit miss Peregrine ; mais on les place si fort au-dessous des faucons proprement dits, qu'on les appelle d'ignobles oiseaux de proie. Les principaux sont le busard, le voleur de poules, et le milan.

— Le busard, dit sir Edward, se distingue du faucon à la première vue par la petitesse de sa tête, et le milan par l'uniformité de sa queue ; ses ailes sont aussi beaucoup trop grandes en proportion de sa taille ; on le regarde comme un des oiseaux les plus poltrons ; mais sa vue est si délicate qu'il ne voit pas bien à la clarté du jour, et cette imperfection lui donne une apparence de timidité qu'il n'a pas réellement. Il n'attaque que les animaux plus petits et plus faibles que lui, encore ne les poursuit-il pas, préférant attendre, perché des heures entières sur la branche d'un arbre, que ses victimes viennent à sa portée.

— Ce caractère démontre suffisamment, dit miss Peregrine, que le busard ne saurait être d'aucun usage dans la fauconnerie, si ce

n'est pour saisir de côté sa proie, au lieu de
fondre impétueusement sur elle, comme le
font les faucons. Le busard est toutefois en-
visagé comme l'ami du fermier, car il détruit
les mites, les souris, les grenouilles, les
lézards, les sauterelles, etc. Les jeunes bu-
sards apprivoisés sont employés à débarrasser
les jardins des insectes ; mais ils détruisent en
même temps tous les oiseaux chantants. On
voit souvent le busard voltiger autour des
bois et des plantations pour dénicher les
petits oiseaux ; quoique dans les lieux ouverts,
il se fixe sur une branche, comme mon frère
vous l'a dit, pour guetter sa proie, et il fond
sur elle dès qu'elle est à sa portée. Il place
généralement son nid ou son aire sur un arbre
élevé, le construit de petites branches, y met
de la laine et d'autres matériaux bien mous,
ou bien il prend possession du nid d'une corneille, en ayant soin de l'élargir ; il y dépose
rarement au-delà de deux ou trois œufs, qui
sont blancs avec des taches jaunes. La femelle soigne ses petits plus longtemps que ne
le font tous les autres oiseaux de proie, et,
si elle périt, le mâle en prend soin jusqu'à
ce qu'ils puissent voler. Lorsqu'ils le font
pour la première fois, on les entend pousser
continuellement des cris perçants et plaintifs.

— J'ai lu, il y a peu de jours, repartit mistriss Merton, dans les *Oiseaux de la Grande-Bretagne, de Garrel,* un exemple intéressant de la tendresse de la femelle du busard en couvant et en élevant ses petits. Il y en avait une à Uxbridge qui manifestait son désir de couver en rassemblant et en courbant tous les petits bâtons épars qu'elle pouvait rencontrer : son maître lui fournit les matériaux nécessaires, et elle construisit un nid ; mais comme elle n'avait pas d'œufs en propre, on y plaça deux œufs de poule qu'elle couva et dont elle éleva depuis les poulets. Depuis lors elle couva chaque année une portée de poulets, quoique un été elle détruisit tous les poulets nouvellement éclos qu'on avait mis au-dessous d'elle pour lui épargner la fatigue de rester assise.

— On rencontre le busard commun et sauvage, dit miss Peregrine, dans la plus grande partie de l'Europe, et même en Barbarie, je pense ; mais le busard à miel est principalement à demeure en France, car on ne le voit pas souvent en Angleterre, et il est absolument inconnu dans les autres parties de l'Europe. On le rencontre généralement dans les plaines, se tenant sur les arbres ou sur les buissons, et son vol est bas et de peu de durée. On dit cependant qu'il peut courir avec la rapidité d'un chien sans se servir de ses ailes. Il se nourrit de belettes, de lézards, de grenouilles et d'insectes ; et son nid est construit de branches entrelacées, recouvertes de laine ou de telle autre chose de ce genre. Il donne à ses petits la larve des guêpes et le miel qu'il leur enlève, d'où il tire son nom de busard à miel.

— N'y a-t-il pas un oiseau appelé busard des marais ? demanda mistriss Merton.

— Oui, reprit miss Peregrine, et il est aussi connu sous les noms de lévrier des marais, de faucon canard et de harpie. C'est le plus grand des faucons, et il atteint sa maturité après un espace de temps beaucoup plus long que tout autre oiseau. Les mâles se revêtent de leur plumage gris lorsqu'ils sont oiseaux faits ; mais les femelles gardent leur nuance rouge brune. On appelle cet oiseau lévrier des marais, parce qu'il se tient généralement dans les lieux bas et marécageux, sur les landes et les bruyères, et qu'il voltige tout près de terre lorsqu'il guette sa proie, comme le lévrier pris en faute qui essaie de retrouver la trace du lièvre. Le nom de busard des marais dérive de l'habitude de cet animal de griller au soleil, et de préférer une touffe de bruyère ou une pierre, lorsqu'il guette sa proie, à l'ombre d'un arbre.

— Il m'est arrivé d'observer, dit sir

Edward, un de ces oiseaux, durant un certain après-midi, assis avec sa manière fatiguée et indolente près d'un vieux frêne qui dominait une vaste étendue de marais, où se tenait une grande quantité de bécassines; mais lorsqu'il m'eut aperçu, la vue de mon fusil sembla lui déplaire, et il s'envola. Le hasard m'amena le lendemain au même endroit, et je le vis s'enfuir de dessus un grand buisson de glaïeuls; et comme j'étais à une grande distance, j'espérais que c'était un héron étoilé, les glaïeuls me paraissant une retraite plus propre à cet oiseau qu'à un busard. Mais ce dernier y avait été conduit par l'appât des bécassines, car j'ai remarqué que partout où il s'en trouve on est sûr de rencontrer un busard à peu de distance, quoiqu'on ait assuré qu'il réussisse rarement à attraper les oiseaux; à moins que, blessés déjà par le chasseur, ils ne lui aient échappé.

— Un de mes amis, dit le jeune Peregrine qui venait de rejoindre la voiture, m'écrit précisément sur le busard des marais, et l'expérience lui a prouvé que, quelque indolent que soit cet oiseau en attaquant sa proie, il met une grande tenacité à la retenir une fois qu'il l'a obtenue. Un voisin de mon ami, habile chasseur, entendit, un jour qu'il était assis près de son coin du feu, un grand bruit dans le poulailler. Supposant naturellement qu'un oiseau de proie en était la cause, il s'élança avec son fusil, déterminé à se venger de l'agresseur. Lorsqu'il arriva sur le lieu de la scène, il aperçut le busard des marais qui atteignait le toit d'une des granges en emportant un poulet dans ses serres. On fit feu sur lui, et on le blessa grièvement ; mais il échappa avec sa proie. Le lendemain néanmoins on le trouva seul dans les champs à une distance considérable, et le pauvre petit poulet qu'il avait emporté courait au travers des champs, sans se ressentir des inconvénients de son voyage aérien, et certainement très étonné de ce qui venait de se passer. Quoique, en courant, le busard ait relâché sa proie, mon ami ajoute qu'il a connu des cas où le captif n'a pu échapper, et où le chasseur s'était vu forcé d'ouvrir les serres de l'oiseau mort pour donner la liberté à sa victime.

— Le nid du busard des marais, dit miss Peregrine, est généralement construit à terre, au milieu du gazon le plus commun, parmi les joncs, les fougères, les genêts, au-dessous d'un buisson. Ce nid est comme celui de la plupart des oiseaux de proie. Les œufs sont blancs ; il y en a ordinairement trois ou quatre. Cet oiseau se trouve dans toute l'Europe ; on le rencontre à Smyrne, aux Indes, en Egypte. M. Gould dit, dans son ouvrage sur les *Oiseaux de l'Europe*, qu'on lui a envoyé des spécimens de ce genre des monts Himalaya.

Il y a un autre oiseau tout-à-fait semblable au busard des marais, dit le jeune Peregrine, qu'on appelle quelquefois le *lévrier aux poules*, quelquefois aussi le faucon bleu, le faucon pigeon, ou l'émouchet. Il se tient dans les landes, les bruyères et les endroits couverts. Il est le fléau du poulailler, et de là son nom de *lévrier aux poules*. Il tue sa proie par terre, et quoique moins grand que le busard, comme il a plus de courage, il lui arrive d'abattre une perdrix, un coq de bruyère, et même un faisan.

— De tous les oiseaux dont nous venons de parler, dit sir Edward, le plus nuisible à nos poulaillers est, sans contredit, le milan. Cet oiseau est facilement distingué des autres faucons par sa queue fourchue. Il habite l'Europe, l'Asie et le nord de l'Afrique. Le milan est le plus poltron de tous les oiseaux, et il ajoute à ce défaut une avidité extrême. Il est vorace comme le corbeau, et quoiqu'il lui soit supérieur en force, il se laissera chasser et poursuivre par lui. Il mangera de toute espèce de choses, même du poisson mort qui flotte sur la surface de l'eau ; on le voit approcher de nos habitations pour se saisir de tous les restes que le cuisinier aura jetés, ou pour attaquer les poulets ; mais si la poule l'aperçoit à temps, ses cris et sa résistance suffisent pour le faire déguerpir.

— Je puis l'attester, dit mistriss Merton, car je me rappelle avoir vu dans une ferme, étant enfant, une bataille entre une poule et un milan, et j'en conserverai toujours la mémoire. Le milan avait enlevé un poulet et se disposait à l'emporter ; mais il se vit forcé de le lâcher par la conduite courageuse de la poule qui fondit sur le ravisseur les ailes étendues, les plumes hérissées, présentant l'image d'une fureur sans bornes. Le pauvre poulet avait beaucoup souffert des serres de l'oiseau, mais il se remit après beaucoup de soins, et dut à cette aventure d'échapper au sort commun de ses pareils ; il eut dans la maison la vie sauve.

— Le milan ne fond pas sur sa proie comme le faucon, dit miss Peregrine ; mais lorsqu'il découvre, au moyen de sa vue perçante, ce qu'on appelle une *curée* en terme de fauconnerie, il se coule tout doucement pour l'attaquer, comme s'il glissait le long d'une surface inclinée, et il le fait de manière que le mouvement de ses ailes est presque imperceptible. C'est cette habitude de se laisser couler sur sa proie qui lui a valu son nom saxon de *grêde*, nom sous lequel on connaît encore le milan dans quelques parties de l'Angleterre.

— On l'appelait aussi autrefois le *puttock*, et il est ainsi nommé dans les comtés d'Essex et de Hertford, tandis qu'on applique cette dénomination au hasard dans d'autres parties de l'Angleterre. Shakespeare y fait allusion lorsqu'il dit :

Quiconque trouve une perdrix dans le nid du puttock
Peut savoir sans peine comment l'oiseau est mort,
Quoique le milan prenne l'essor avec un bec tout pur.

— Le milan est natif d'Angleterre, dit le jeune Peregrine, comme des autres parties de l'Europe ; mais on ne le rencontre pas aussi fréquemment dans toutes les provinces de ce pays. Mon ami, qui habite le comté de Monmouth, le suppose un oiseau particulier à cette partie ; son voisinage en abonde, et des forêts étendues lui présentent une retraite aussi paisible que sûre. La taille de cet oiseau et son brillant plumage en font un objet de beauté après sa mort ; mais j'admire bien davantage son vol détourné, lorsqu'il plane en lignes sans fin, jusqu'à ce qu'il se soit dérobé à la vue.

— Je l'ai observé moi-même, dit sir Edward, et je l'ai entendu dans un beau jour d'été faire retentir les airs de ses miaulements.

— Sa puissance de vol est surprenante ; je l'ai guetté tournant de cercle en cercle, jusqu'à ce que mes yeux en aient été complétement fatigués, et cependant aucune de ses plumes ne semblait agitée, excepté sa queue fourchue.

— On appelle quelquefois, dit miss Peregrine, cette espèce d'oiseau le milan royal, dans les anciens livres anglais, et c'est ainsi que le nomment les Anglais, depuis qu'il a été employé par Louis XVI comme une proie pour les grands faucons ou laniers. On s'était servi du milan dans la fauconnerie avant qu'il fût assujéti à ce dernier usage ; mais le roi de France s'apercevant que sa poltronerie, la longueur et par conséquent la faiblesse de ses jambes le rendaient peu propre à se saisir d'une proie, conçut l'idée de changer le ravisseur en victime. Cependant on s'en sert parfois dans la fauconnerie, et sir John Sebright nous raconte que les milans ont été lancés, il n'y a que quelques années de cela, à la poursuite du gibier par le comte d'Oxford, dans le voisinage d'Altonbury-Hell. Le second volume du Magasin de zoologie et de botanique fait mention de deux milans enlevés de leur nid, dans le comté d'Argyle, durant l'été de 1833, et tellement apprivoisés depuis, que, quoiqu'on leur permette chaque matin de prendre leur vol, ils ne vont jamais loin ; mais après s'être élevés dans les airs à une grande hauteur et avoir déployé ce vol gracieux qui leur est particulier, ils retournent aussitôt qu'on les appelle, soit dans la grange, soit sur le poing.

— Le nid du milan, dit sir Edward, est généralement bâti dans le creux d'un arbre ou dans la crevasse d'un rocher. Il est fort large, composé de petites branches entrelacées d'une manière curieuse avec l'herbe sèche et le gazon. Les œufs sont blancs, tachetés de jaune. Une variété de cette espèce, nommée le milan blanc, est commune au cap de Bonne-Espérance, où on l'appelle *Hensden-Thief*, ce qui veut dire voleur de poules. Cet oiseau est si féroce qu'il saisira de la viande crue, fût-ce des mains d'un homme; il plongera dans l'eau pour attraper le poisson, se battra avec les corbeaux pour un morceau de charogne et les forcera de le lui céder. Il bâtit son nid parmi les roseaux, dans les terrains marécageux.

Toute la société venait enfin d'arriver au château, et quelques jours après mistriss Merton et Agnès prirent congé, à leur grand regret, de leurs bons et hospitaliers amis.

V

LES POISSONS.

En quittant le comté de Sommerset, mistriss Merton et sa fille se rendirent chez une dame nommée Wilson, qui était veuve et demeurait dans une maison de campagne sur les bords de la Dart, près de Darmouth. Ici une scène tout-à-fait nouvelle se présenta à Agnès, qui jusque-là n'avait pas vu la mer, et qui, tout enchantée, crut ne pouvoir jamais être fatiguée de son délicieux aspect. C'est singulier à dire que la mer, qui offre si peu de variété, soit plus intéressante à regarder que la terre qui présente tant d'objets à notre curiosité; et cependant c'est à son mouvement incessant qu'il faut l'attribuer, car il nous donne l'idée de quelque chose de nouveau, tandis que tout reste immobile sur terre. Quelle qu'en soit la cause, Agnès fut enchantée de la mer ; elle aimait surtout à ramasser les coquilles sur ses rivages, ou à regarder les pêcheurs racommoder leurs filets.

Un jour mistriss Wilson, ayant plusieurs amis à dîner, fit servir un poisson dont le nom parut singulier à Agnès, et elle demanda à sa maman pourquoi ce poisson se nommait *John Dory*.

— Je ne puis vraiment vous le dire, ma chère, dit mistriss Merton, pas plus que je ne saurais expliquer pourquoi on l'appelle en Italie poisson de Saint-Pierre.

— Ce dernier nom, dit mistriss Wilson, est supposé se rapporter à une marque noire qu'on voit sur les côtés de ce poisson, comme sur celui de l'égrefin ; et de là on les croit tous deux mentionnés dans le Nouveau Testament à titre de poissons portant la monnaie du tribut. — Avez-vous jamais entendu cette légende, docteur Simpson ? continua cette dame en se tournant vers un de ses convives qui avait voyagé en Italie.

— Oui, madame, reprit le docteur Simpson, et je crois que le nom de John Dory est la corruption de *il janitore*, mot italien, pour portier ; allusion à la croyance catholique de saint Pierre gardant métaphoriquement les portes du ciel.

— Oui, dit mistriss Wilson, et les papes, qui sont les successeurs de saint Pierre, portent deux clefs brodées sur leurs habits, comme emblême de l'office de leur patron.

— J'ai entendu, dit le capitaine Seymour, une autre légende : ces taches noires sur les côtés du poisson sont, à ce qu'elle raconte, les marques de saint Christophe qui attrapa un dory lorsqu'il traversait un bras de mer, portant notre Sauveur ; de là son nom grec *Christophoros*, qui veut dire porteur du Christ. Conformément à cette légende, le nom de ce poisson est dérivé du verbe français *adorer*.

— Une explication plus simple et plus probable, dit un vieux gentilhomme qui n'avait pas encore parlé, c'est que John Dory est la corruption du nom français de ce poisson jaune doré, qui dit tout ; car sa couleur, lorsqu'il est pris, est un brun jaune avec une brillante nuance d'or.

— Quelle que soit l'origine moderne de son nom, ajouta le docteur Simpson, les anciens l'ont tenu en grande estime, puisqu'ils l'ont appelé *Zeus*, une des dénominations de Jupiter.

— Je ne sais ce que les anciens en ont

pensé, dit le vieux gentilhomme; mais dans les temps modernes personne ne songeait à en manger, jusqu'à ce que le prince des épicuriens, Quin, découvrit ses mérites et le mit en vogue.

— A propos de Quin, s'écria le docteur Simpson, avez-vous jamais entendu l'histoire de son voyage de Plymouth pour avoir un John Dory? — Jamais, reprit mistriss Wilson; et comme toute la société témoigna le désir de l'entendre, le docteur commença en ces termes :

« Quin, qui était, comme probablement vous le savez tous, un acteur du dernier siècle, fut tout aussi célèbre sur la scène qu'amateur d'un bon dîner, si toutefois l'on peut appeler célèbres de pareils personnages. Il aimait le poisson; il se décida à aller de Bath à Plymouth, où on en trouve généralement, et où il est fort estimé. A son arrivée à Plymouth, il examine une quantité de John Dorys, il en trouve un qui réalise ses plus ardents souhaits. Comme les cuisiniers de Plymouth ne furent pas jugés dignes de le préparer, et comme le Dory est un poisson qu'on peut garder un jour ou deux, Quin retourna à Bath, après l'avoir fait soigneusement emballer, et s'être pourvu d'un baril d'eau salée dans laquelle le poisson devait être cuit. Le baril, placé dans une chaise de poste, se trouva être le plus incommode des compagnons de voyage ; il roulait tantôt d'un côté et tantôt de l'autre. Quin, qui aimait ses aises de préférence à toutes choses, et que la goutte tourmentait, fut tenté vingt fois pour une de jeter dehors le baril. Mais l'idée séduisante du John Dory le retint néanmoins, et il supporta cet embarras avec la patience d'un martyr. Enfin il arrive à Bath, le dîner est commandé, la voiture déballée, le baril d'eau salée enlevé. On cherche le poisson, mais, hélas ! c'est en vain ! on l'avait oublié ; et tout ce que le pauvre Quin obtint de son long voyage et de ses embarras, fut le baril d'eau salée qu'il renversa dans ses premiers transports de colère et de désappointement.

— Il a été bien puni de sa gourmandise ! s'écria Agnès, oubliant dans l'impulsion du moment tous les étrangers dont elle était entourée. On sortit, et pour détourner l'attention de sa petite fille qui était toute rouge, mistriss Merton fit observer qu'elle croyait que le Dory était considéré comme un des poissons les plus délicieux, à l'exception du rouget peut-être.

— Le rouget, dit le docteur Simpson, a passé longtemps pour un des mets les plus délicats ; les Romains en faisaient grand cas, et leurs poëtes en parlent souvent, surtout Horace et Juvénal. Le prix auquel on vendait ces poissons dans l'ancienne Rome est à peine croyable. — Un mulet du poids de six livres coûtait 4,200 fr., un plus grand, 4,000 fr., et trois de taille considérable se vendaient 6,000 francs. Il faut observer toutefois que la mesure de ces poissons surpassait ce que nous en connaissons, car un mulet pèse rarement aujourd'hui au-delà de trois à quatre livres.

— Le nom de mulet, répliqua le capitaine Seymour, est dérivé, à ce qu'on prétend, des sandales des consuls romains qu'on appelait *mules,* et dont la couleur, d'une écarlate éclatante, ressemblait à celle de ce poisson. On trouve le rouget chez tous les marchands de poisson à Londres, pendant toute l'année, mais il se mange préférablement dans les mois de mai et de juin ; sa chair est ferme, blanche, et comme elle n'a pas de graisse, elle est facile à digérer. Le foie est la parti la plus estimée, mais le poisson entier est très savoureux, sans être aussi exquis que le ferait supposer la prédilection des Romains.

Le lendemain de ce dîner, mistriss Merton et sa fille se promenaient sur le rivage, lorsque leur attention fut attirée par la foule rassemblée autour d'un pêcheur qui avait fait une capture que ses compagnons considéraient comme merveilleuse. Qu'est-ce que cela peut être? disait-on de toutes parts. Je ne vis jamais chose pareille! s'écriait l'un. Il n'y en avait qu'un seul dans tout le filet! répondait un autre. L'attente d'Agnès fut vivement excitée par ces paroles; mais lorsque la foule s'entr'ouvrit pour la laisser approcher avec sa mère, elle fut surprise de voir que l'objet qui avait attiré tant d'attention n'était qu'un poisson ordinaire.

— Quoi! c'est là ce qui les étonne si fort! s'écria Agnès; mais j'ai vu cent poissons pareils à celui-ci.

— Non, vraiment, ma petite amie, vous n'en avez pas vu, dit une voix derrière elle; et en se retournant elle aperçut le vieux monsieur qui avait dîné la veille avec elle. Elle recula confuse, et le gentilhomme continua d'un ton plus doux : C'est en effet un poisson très rare dans nos mers : on l'appelle le maquereau d'Espagne, bien qu'il diffère beaucoup du poisson connu sous ce nom, et qu'il ait comme mets peu de valeur.

— Les maquereaux communs sont-ils pris ici? demanda mistriss Merton.

— Oui, reprit le vieux monsieur, on les prend sur cette côte, quoiqu'ils y abondent moins qu'à Brighton. On supposait autrefois

que le maquereau commun était un poisson
de passage, c'est-à-dire qu'il visitait nos côtes
seulement à certaines saisons ; mais on a découvert dernièrement qu'on peut le pêcher
durant toute l'année à peu de distance des
côtes. A certainés époques néanmoins il s'approche du rivage par troupes, particulièrement aux mois de mai et de juin, et il est
alors en si grande quantité qu'on en a vendu
un schelling la soixantaine, et plus de dix
mille poissons ont été apportés dans le port
en un seul jour. Le maquereau doit être
mangé tout frais ; et c'est parce qu'on ne peut
pas le garder qu'il a été permis d'en vendre
le dimanche, quand on est puni pour vendre
autre chose. Cette coutume existe depuis
1698.

— Je pense avoir entendu parler, dit mistriss Merton, d'une pêche du maquereau fort
extraordinaire faite par quelques pêcheurs
de Wastings, il y a quelques années. Elle eut
lieu au mois de février 1834. L'équipage d'un
bateau gagna 2,500 francs par la quantité de
poisson qui fut pris en une seule nuit. Ce
fait est d'autant plus remarquable qu'on
trouve rarement le maquereau avant le mois
d'avril ou de mai. La manière la plus commune de le pêcher a lieu au moyen de filets
flottants qu'on attache à un câble au bateau

pêcheur, tandis que l'on fixe une grande
bouée à l'autre bout des filets. Le bateau
se met en mer traînant le filet après lui, et
tout le poisson qui flotte sur mer s'y trouve
étranglé ; lorsqu'on retire le filet dans la matinée, on trouve le poisson enfoncé dans les
mailles, se débattant et s'agitant pour se tirer
de là. Le maquereau est souvent péché à la
ligne, et le harpon est généralement recouvert d'un drap écarlate. La pêche est plus
abondante lorsque le bateau auquel les filets
sont attachés glisse rapidement sur la surface de l'eau, ayant le vent pour lui, et c'est
à cause de cela qu'on appelle une brise aiguë,
brise de maquereau. Le plus petit poisson,
continua le vieux monsieur, en suivant le cours
de ses idées, tout en se promenant paisiblement sur le rivage avec mistriss Merton et
sa fille, c'est le maquereau de Cornouailles ;
au moins est-il le plus petit des poissons de
la Grande-Bretagne. Il est très mince et n'a
pas plus d'un pouce de longueur ; il est aussi
délicat dans ses habitudes que dans ses formes, car on ne le voit paraître que lorsque le
beau soleil de mai l'arrache à ses quartiers
d'hiver situés dans les profondeurs de l'Océan ;
et même alors il se tient encore près de la
surface, semblant chercher un refuge contre
tout ce qui flotte sur les eaux. Cette habi-

tude le conduit précisément à sa perte ; car,
entraîné par les patenôtres, les algues, etc.,
et même jeté dans les bateaux par les vagues
de la mer, il meurt du moment qu'il est
hors de l'eau.

— J'ai souvent entendu des personnes ma-
nifester leur admiration pour les monstres
de la création, dit mistriss Merton ; mais,
quant à moi, je ne sens jamais mieux la puissance et la bonté merveilleuse du Créateur
que lorsque je vois de petites créatures, semblables à celles dont nous venons de parler,
ornées avec le soin et la perfection dont
l'homme a été l'objet.

— Ces petits maquereaux ont été merveil-
leusement faits, reprit le vieux monsieur ; ils
sont si délicats dans toutes leurs proportions
qu'il faut un microscope pour les examiner à
loisir. La petitesse de leur taille, et les innombrables multitudes de ces poissons, ont
fait supposer aux anciens qu'ils sont le produit de l'écume de la mer ou de la putréfac-
tion des substances marines. Ils font leur première apparition vers la mi-mai, et durant
l'été, surtout lorsqu'il fait beau, on les voit
flotter par masses près de la surface, où ils
sont suivis par une infinité d'autres poissons
qui les dévorent et s'en nourrissent. À l'approche de l'hiver on les voit disparaître, et

ils vont s'enfoncer dans les profondeurs de la mer jusqu'au printemps prochain.

En devisant ainsi, ils se trouvèrent près d'un endroit où un pêcheur offrait du poisson à vendre. — N'est-il pas singulier, dit le vieux gentilhomme, que nous ayons vu aujourd'hui, dans l'espace d'une demi-heure de promenade, trois poissons vraiment rares, que je n'ai pas rencontrés depuis des années? Celui-ci, ajouta-t-il, en désignant le baquet du pêcheur, est la brême d'Espagne, poisson qu'on voit rarement dans nos marchés, mais qui est abondant sur la côte du Sussex. On n'en tient pas grand compte comme mets, et comme on ne l'aime pas salé, on le vend à très bas prix; cent livres de ce poisson sont quelquefois payées trois francs. Cependant il pourrait être très mangeable si on le préparait sans enlever l'écaille.

Mistriss Merton put à peine retenir un sourire en voyant le vieux monsieur si bien au fait des secrets de l'art culinaire; néanmoin elle se contint et demanda quel était le troisième poisson rare dont il venait de faire mention. C'est celui-ci, dit-il en désignant un autre poisson dans le baquet : on l'appelle la perche brune; c'est un poisson d'eau douce, et je suppose qu'il aura été pêché dans quelque étang. Il est beaucoup plus grand que la perche ordinaire, car il arrive qu'il pèse quelquefois près de seize livres.

— Et quel est le poids de la perche ordinaire? demanda mistriss Merton.

Une perche de trois livres est déjà considérée, dit le gentilhomme, d'un poids extraordinaire, quoiqu'on en ait pris dans la rivière Serpentine, à Hid-Parc, qui pesaient neuf livres. La perche étaient connue des Grecs et des Romains ; on la trouve dans toutes les parties de l'Europe. On en fait grand cas comme plat, et c'est le poisson favori des pêcheurs à la ligne, car, courageux et avide, il est facilement attrapé.

VI

LE LÉMUR ET LE CAMÉLÉON.

En retournant à la maison, mistriss Merton et Agnès dirent à mistriss Wilson combien elles avaient été charmées de la conversation de M. Trelawney, car tel était le nom du vieux gentilhomme.

— Mais, dit mistriss Wilson, je me souviens en ce moment que vous n'avez jamais été à la villa de M. Trelawney : il faut que je vous y mène ; il y a une collection d'animaux qui fera grand plaisir à la petite.

Agnès fut ravie de cette idée, et mistriss Wilson écrivit un billet au vieux gentilhomme pour lui demander la permission de voir sa ménagerie. Il n'y eut pas de réponse dans la soirée, et la matinée suivante se passa sans qu'on en entendît parler ; mais au moment où Agnès commençait à en désespérer, il arriva lui-même pour les conduire à sa villa. En y arrivant, il les mena dans la cour, où se trouvaient plusieurs cages ou plutôt des antres contenant des animaux : dans l'une d'elles Agnès vit une bête semblable à un singe, qui se trouvait sur la branche d'un arbre mort qu'on avait laissé sur le terrain lorsqu'on avait bâti les antres.

— Quelle est cette bête ? demanda Agnès.

— C'est le lémur indolent, ou le singe sans queue, dit le gentilhomme ; il est natif des Indes. Sa taille, comme vous le voyez, est à peu près celle d'un chat ; et sa couleur gris de cendre, avec une raie d'un beau brun le long du dos ; sa fourrure est plus épaisse que ne l'est généralement celle des animaux qui habitent des climats tels que ceux des Indes-Orientales ; mais ce vêtement si chaud est admirablement adapté au lémur, que ses habitudes indolentes et son manque d'activité rendent très susceptible de se refroidir. Ses yeux sont ronds et brillent dans l'obscurité, et lorsqu'il est animé ils ont l'air de tisons ardents. Les paupières sont faites de façon que lorsqu'il les ferme elles se meuvent obliquement, au lieu de se baisser du haut en bas comme chez les autres animaux. La paupière extérieure possède une grande facilité de mouvement, et la paupière intérieure est immobile et fixée. L'index ou le pouce du pied gauche a une griffe, mais les autres doigts ont des ongles, comme ceux de la main de l'homme. La langue de ce singe est réellement remarquable : au-dessous de sa langue naturelle, qui est comme celle d'un chat, un peu moins rude seulement, il y en a une autre blanche, étroite et très pointue, dont cet animal se sert en mangeant ou en buvant, quoiqu'il ait le pouvoir de la faire rentrer quand bon lui semble.

Les habitudes du lémur sont tout-à-fait spéciales. Il dort à peu près toute la journée, à moins qu'on ne le dérange, soit par terre, roulé dans sa cage, ou, plus souvent encore, suspendu aux barreaux par les pattes, le corps ramassé et la tête enfoncée dans la poitrine. Vers le soir il se réveille par degrés, et son premier soin est de se faire propre, en se frottant avec ses pattes et léchant sa peau comme le chat.

— C'est la dernière chose que j'eusse imaginée, s'écria Agnès en riant; il n'a pas le moins du monde l'air d'un petit-maître.

— Les Hollandais de l'île de Ceylan sont de votre opinion, répliqua le vieux gentil-

homme, car ils l'appellent loris, c'est-à-dire
un rustre ; tandis que le mot *lémur* veut dire
un esprit, et provient, à ce qu'on dit, de son
apparente ressemblance avec l'homme.

— Que mange-t-il généralement? demanda
mistriss Merton.

— La nourriture du mien, reprit M. Trelawney, consiste en souris et en petits oiseaux, et ces derniers surtout sont fort à son
gré : lorsqu'on en place dans sa cage, il les
tue à l'instant, enlève leurs plumes avec l'ha-
bileté d'un marchand de volaille, afin de les
manger, et puis il dévore la viande avec les
os. Quand on lui donne sa nourriture, il s'en
empare avidement des deux mains, mais il
la tient dans sa main gauche pendant qu'il
mange. Souvent il s'accroche aux barreaux
inférieurs de sa cage avec les pieds de derrière, et baisse la tête tandis qu'il dévore son
repas, très heureux d'avoir choisi cette pose.
Il aime beaucoup les oranges ; mais lorsque
l'écorce est trop dure, il semble embarrassé
de savoir comment il en extraira le jus. Dans
de semblables occasions, il se couche tout de
son long sur le dos dans sa cage, et retenant
fermement l'orange entre ses mains, il en
suce le jus. Il est extrêmement indolent et
gêné dans tous ses mouvements, et lorsqu'il
grimpe sur un arbre, il le fait avec soin et

après une longue réflexion. En premier lieu, il accroche une des branches avec une de ses mains, puis avec l'autre ; il lève ensuite lentement une jambe, et retient la branche jusqu'à ce qu'il ait atteint l'autre branche. Lorsqu'il se promène, il traîne ses membres avec la même lenteur et les mêmes précautions.

— Avez-vous jamais tenu ce singe dans la maison ? demanda mistriss Merton.

— Jamais, répliqua M. Trelawney ; mais un de mes amis, à Edimbourg, qui m'en a fait présent, l'y a gardé. Le lémur était toujours honteux et timide en société, et semblait mériter le nom de singe modeste que lui donnent les Indiens. Lorsqu'on le touchait, il poussait un cri aigu, qui résonnait comme *ai, ai,* et il mordait tout de bon. Pendant qu'il était en Chine, il se comportait très bien à l'égard d'un chien chinois qu'on avait mis dans la même cage, mais il ne pouvait souffrir le chat de mon ami. Minet, tout au contraire, semblait être disposé à se lier avec lui, et lorsqu'on faisait sortir le singe de sa cage, le chat le suivait partout, le caressant parfois avec sa patte. Le lémur se montra indigné de ce procédé et le mordit cruellement, ce qui rendit Minet plus prudent à l'avenir, et il se contenta de sauter sur lui lorsqu'il restait couché. Le lémur le détestait tout autant ;

mais il est si lent dans ses mouvements que le chat pouvait sauter par-dessus son corps à plusieurs reprises avant qu'il se fût retourné, et il s'enfuyait sans que l'autre pût le suivre ; aussi se borna-t-il depuis à crier *aï! aï!* et à grincer des dents à l'approche de Minet. Son intelligence paraît aussi inerte que son corps, et la seule preuve qu'il en ait jamais donnée eut lieu lorsqu'il vit son image réfléchie dans un plateau du Japon. Il en fut singulièrement blessé, essaya de se saisir de la figure qu'il y voyait représentée, et n'en pouvant venir à bout, il prit le parti de se promener à l'entour, et de voir par derrière le plateau si quelqu'un n'y était pas caché. Il fit de même avec un miroir.

En ce moment l'attention d'Agnès se porta sur la cage voisine qu'elle pria sa maman de regarder.

— C'est un caméléon, dit mistriss Merton, et l'on raconte à son sujet des histoires bien singulières, car on prétend qu'il change continuellement de couleur et qu'il vit d'air.

— C'est en effet une curieuse créature, reprit M. Trelawney, et quoiqu'on le classe dans la tribu des sauriens ou lézards, il est tout-à-fait différent des animaux qui font partie de cette famille. Sa forme ressemble un peu à celle du lézard, mais sa peau est *chagrin* comme celle du crocodile, et sa queue, dont l'animal se sert pour assujétir les branches dans lesquelles il s'établit, est ronde, forte et flexible comme celle de la plupart des espèces de singes. Il n'a pas d'oreille extérieure visible, et son crâne a une forme pyramidale vraiment remarquable. Le squelette du caméléon est aussi curieux que l'est son extérieur, car il n'a pas de sternum (os de la poitrine) proprement dit, mais ses côtes vont des deux côtés de son corps, de manière à former un cercle.

— Mais est-il vrai, dit Aguès, que cet animal vive d'air ?

— Ses poumons sont très larges, dit M. Trelawney, et si larges que, quand l'air les remplit, le corps du caméléon devient presque transparent, et cette particularité a fait dire qu'il vivait d'air. C'est à la largeur de ses poumons que les naturalistes attribuent le curieux changement de couleur qu'on observe chez cet animal, car ils forcent le sang de refluer vers la peau lorsqu'ils sont pleins d'air, et lui donnent des teintes variées, conformément à la quantité d'oxygène qu'ils ont aspirée. Cependant les opinions des savants diffèrent sur cet objet, et le vague de leurs opinions fait supposer que la véritable cause de ce changement si curieux est encore un mystère, car une des propriétés de la vérité est d'emporter toujours la conviction avec elle.

— Vous avez parfaitement raison, dit mistriss Merton.

— Pour en revenir au caméléon, continua M. Trelawney, ses yeux sont très remarquables, non-seulement parce qu'ils sont grands et à fleur de tête, mais parce qu'ils sont recouverts de peau, à l'exception du petit cercle du centre, et que leur mouvement est indépendant l'un de l'autre. L'animal, lorsqu'il guette sa proie, s'accroche à la branche de l'arbre au moyen de sa flexible queue, dont la couleur est verte ou brune, selon qu'elle porte sur les feuilles ou sur l'écorce, et de là il fait rouler ses yeux dans deux directions opposées en même temps. Aussitôt que l'insecte paraît, ces deux globes extraordinaires se fixent sur la victime désignée, et dès qu'elle est à sa portée, la langue du caméléon se dirige avec une précision immanquable et retourne dans sa bouche emportant sa proie, car cette langue est couverte d'un jus visqueux. Elle est cylindrique, excepté à l'extrémité, et par un curieux mécanisme l'animal peut l'allonger au-delà de six pouces. C'est à vrai dire la seule portion de son corps qu'il puisse mouvoir avec agilité ; ses autres

mouvements sont marqués par l'indolence et
la paresse.

— Le caméléon était-il connu des anciens?
demanda mistriss Merton.

— Mais, oui, répliqua le gentilhomme, et
Aristote l'a dépeint avec une grande exacti-
tude sous le titre de petit lion. L'espèce la
plus commune est originaire d'Egypte , de
Barbarie et du midi de l'Espagne, et on en
rencontre aussi aux Indes-Orientales. J'en
avais deux qui étaient des animaux domestiques. Le plus grand avait la peau d'un vert
naissant ; celle du petit était plus foncée. On
les gardait dans un panier d'osier, au salon,
sans les enfermer, et ils dormaient des heures
entières dans la journée, couchés sur le rebord
de leur panier. Pendant la chaleur du soleil,
ces bêtes se couchaient à plat ventre pour en
jouir, et ils étaient alors d'une couleur verdâ-
tre et pâle. Si on les dérangeait, ils étendaient
les côtés et devenaient d'un vert brun , tirant
sur l'indigo. Parfois un seul côté changeait de
couleur, surtout chez le plus grand des caméléons , et prenait les teintes d'un gris de
pierre, tandis que l'autre côté revêtait un vert
noirâtre. Ces changements se faisaient avec
rapidité , et étaient accompagnés de l'élévation ou de la dépression des côtés. Le grand
caméléon paraissait vigoureux et sain : éveillé,

ses yeux noirâtres et brillants erraient dans toutes les directions ; ses mouvements étaient une sorte de saut rapide comme s'il cherchait la pâture dont il usait sobrement. Six ou sept escarbots ou scarabées étaient généralement mis dans un vase d'étain ; on plaçait le caméléon à l'extrémité, la tête penchée sur le bord, et ses pattes restaient si fort accrochées qu'il était souvent difficile de les en ôter. Après avoir fait quelques pas autour du vase, la peau du dessous de la mâchoire de l'animal se gonfle, il étend son corps sur ses jambes de devant, et lance sa langue avec une force qui fait retentir tout le vase. Il attrape alors l'escarbot ou le scarabée avec sa langue pointue, et la retire avec la rapidité de l'éclair. C'est ainsi qu'il ôte deux ou trois insectes hors du vase l'un après l'autre ; il ne les prend jamais de la main, et ne les mange que lorsqu'on ouvre sa gueule pour les y introduire avec les doigts, chose à laquelle nous eûmes recours dans le dessein de nourrir le petit caméléon qui languit et mourut deux mois après son arrivée. L'autre animal avalait bien une grosse mouche à viande qu'on mettait dans sa gueule, bien qu'on eût quelque peine à l'entr'ouvrir. Lorsqu'on entrait dans la chambre avec de la lumière, ces animaux paraissaient d'un gris de pierre pâle, ou bien

d'une couleur blafarde semblable à la nuance
projetée sur la main lorsqu'on la place devant
le bocal bleu qu'on voit chez les pharmaciens.
Leurs mouvements étaient excessivement lents,
et ils s'accrochaient avec une jambe à une espèce de substance qu'ils pouvaient atteindre
avant de mouvoir l'autre. Ils mangeaient à
peine une seule fois dans l'espace de quatre
jours, et ils ne touchaient jamais un escarbot
recouvert d'une peau tant soit peu dure, dont
on leur présentait plusieurs espèces dans le
vase d'étain. Lorsque les caméléons étaient
hors de leur corbeille , ma famille n'aimait
pas à venir dans la chambre de crainte de
marcher sur eux, tant leur variété de couleur
pouvait induire en erreur ; mais on les trouvait généralement dans les plis des rideaux,
toujours sur la toile bleue, et jamais sur les
étoffes de couleur variée.

VII

LE SINGE DIANE. — AMITIÉ DES ANIMAUX.

— Vous avez vu un singe sans queue, dit M. Trelwney ; je vais maintenant vous en faire voir un autre qui en a une, et elle est bien longue. Je puis également vous raconter une histoire que je tiens d'une dame venue sur le vaisseau qui apportait cette sorte de singe en Angleterre. Voici l'animal dont je parle, dit le gentilhomme en montrant un superbe singe qui se tenait dans la cage voisine.

— J'ai vu des singes de cette espèce, répliqua mistriss Merton ; mais je ne pense pas qu'il y en ait de plus beaux que celui-ci, ou dont les regards annoncent plus de sagacité.

— Il est aussi intelligent que son regard l'annonce, répondit le vieux gentilhomme. Vous voyez, ajouta-t-il, que j'ai utilisé tous les arbres qui se trouvaient sur ce terrain avant d'en faire ma ménagerie, et que j'ai bâti mes cages de telle sorte que les animaux qui y sont renfermés puissent grimper sur les branches et se croire dans leurs forêts natales. Ce singe a reçu de Linnée le nom de Diane, à cause du bandeau blanc en forme de croissant que l'on voit sur son front. Il est également long d'un pied ou d'un pied et demi, mais sa queue est bien plus longue que son corps. Son poil est gris, et devient presque noir sur le dos et aux extremités. Sa queue est encore plus foncée, car elle est noire au bout. Il est originaire d'Afrique, et particulièrement de la Guinée.

— Que lui donnez-vous à manger? demanda mistriss Merton.

— Linnée nous dit, répliqua M. Trelawney, qu'il se nourrit de toute espèce de végétaux, qu'il mangera des œufs et du pain, mais qu'il n'aime pas la viande. Cependant je l'ai trouvé moins difficile; il mange tout, quoiqu'il l'examine avec grand soin, et le porte à son nez avant de le mettre dans sa bouche. Un jour que la cuisinière lui avait donné du lait et du pain dans une jatte nouvelle, il renversa le tout en s'efforçant de voir ce qui était au-dessous.

— Oh ! mais regardez-le, s'écria Agnès ; il semble se moquer de nous, et voyez comme il incline drôlement la tête.

— C'est sa manière de vous dire combien il est content de vous voir. Il est d'une humeur vive et gaie, et sera amical avec vous tant que vous le traiterez bien ; mais si vous l'offensez il s'efforcera de vous mordre. Il aime le chaud, et montre son horreur du froid par des cris douloureux et perçants. Je vais vous lire ce que mistriss Bodwich raconte de sa manière de se comporter sur le vaisseau. J'ai ici ce papier, car je le mis dans mon portefeuille aussitôt que j'eus reçu votre lettre, pour être sûr de ne pas l'oublier.

En disant cela, le vieux gentilhomme ouvrit son portefeuille, en tira un papier, le déplia, et lut ce qui suit :

« Ce singe, dit mistriss Bodwich, avait été acheté par le cuisinier du vaisseau à bord duquel je venais d'Afrique, et passait pour être sa propriété exclusive. La place de Jack était donc près de la cambuse ; mais comme son éducation faisait des progrès, on lui donna par degrés un accroissement de liberté, jusqu'à ce qu'à la fin tout le vaisseau fut à lui, à l'exception de ma cabine. Je m'étais embar-

quée avec quelque chose de plus que la simple aversion d'une femme pour les singes ;
ils m'inspiraient de l'antipathie ; et quoique
j'eusse souvent ri des fredaines de Jack, je
m'étais tenue à l'écart jusqu'à ce que le hasard
nous rapprochât l'un de l'autre et me guérît
de mon aversion. Notre latitude était de trois
degrés au sud, et nous n'avancions qu'à la
faveur de grains de vent passagers, dont les
intervalles étaient remplis par des calmes
plats et le plus beau temps du monde. Quand
cela avait lieu dans la journée, le timon était
fréquemment amarré, et tout le quart descendait. J'étais par un pareil jour assise
toute seule sur le pont, occupée à lire avec
attention, lorsque tout à coup je sens quelque
chose monter sur mes épaules, enlacer sa
queue autour de mon cou, et pousser un cri
tout près de mes oreilles. Persuadée que ce
ne pouvait être que Jack, je n'étais pas du
tout rassurée ; mais il n'y avait rien à faire.
Je n'osais crier au secours parce que j'en avais
peur, et je n'osai non plus obéir à ma première impulsion de le jeter au loin, toujours
par la même raison. La nécessité me rendit
polie, et depuis ce moment nous conclûmes
alliance, Jack et moi. Lorsque je me fus fa-
miliarisée assez avec lui pour tirer parti de
son amitié, il devint une source d'amuse-

ments pour moi. Semblable à d'autres singes nautiques il aimait à enlever les bonnets de nuit des passagers pendant qu'ils dormaiant, et les jetait par-dessus le bord ; il allait frapper sur les cages des perroquets pour boire l'eau qui était dedans, et qu'il faisait couler sur pont, sans se soucier du coup de bec qu'il recevait dans ces occasions ; il enlevait les herbes séchées des théières d'étain dans lesquelles les matelots faisaient leur thé ; il ôtait avec dextérité les pains rôtis de dessus le gril ; il volait au charpentier des outils ; enfin il contrariait tout le monde : mais il était surtout un cavalier de première force. Lorsqu'on faisait aller les cochons sur le pont, il se glissait derrière un tonneau et s'élançait de là sur le dos de sa monture dès qu'elle paraissait auprès de lui. Naturellement le cochon courait au plus vite, et les ongles qu'il enfonçait dans ses côtes en guise d'éperon, et pour se tenir ferme, provoquaient des cris perçants ; mais Jack ne fut jamais jeté à bas, et il devint si passionné pour cet exercice, qu'il fallait le renfermer lorsqu'on faisait sortir les cochons. Cette retraite forcée était la plus cruelle punition qu'on pût lui infliger ; et lorsqu'on l'en menaçait, ou qu'on le menaçait d'autre chose, il s'attachait à moi pour demander secours. La nuit, quand on l'envoyait au lit dans une cage à poules qui était vide, il se cachait sous mon châle, et ne souffrait personne autre que moi pour le coucher. Il était extrêmement jaloux des autres singes qui étaient à bord, tous plus petits que que lui, et il vint à bout d'en jeter deux dans la mer. La première scène se passa en ma présence : il commença par présenter la patte et par pousser des cris aigus que l'autre regarda comme une invitation ; la pauvre petite créature vint humblement à lui : alors Jack la saisit par la nuque et la précipita dans la mer. Nous jetâmes un câble aussitôt, mais le singe était trop effrayé pour s'y accrocher, et nous allions trop vite pour le sauver par d'autres moyens. Jack fut grondé et fouetté; il parut très repentant ; mais trois jours après il trouva moyen de se défaire d'un second petit singe de la même manière. Une autre fois les matelots avaient peint le vaisseau en blanc, et étant appelés pour dîner, ils laissèrent leurs brosses et leur peinture sur le pont. J'étais assise derrière une porte, sans que Jack pût me voir, et je fus témoin de toute l'affaire : il appela un petit singe noir, qui, comme tous les autres, se prosterna devant son supérieur ; celui-ci le saisit par la nuque avec une de ses pattes, prit de l'autre la brosse qui était pleine de couleur, et le fit blanc de la tête aux pieds. L'homme qui se tenait au gouvernail partit d'un éclat de rire en même temps que moi ; Jack, nous entendant, lâcha sa victime et sauta sur les agrès. La malheureuse petite bête commença à se lécher, mais j'appelai un des matelots qui la lava si bien avec de la térébenthine qu'on n'eut rien à redouter. Sur ces entre-faites, Jack allongeait son museau noir au milieu des barres du grand mât de hune, et semblait jouir de ce qu'il voyait. Il resta ainsi trois jours; personne ne put s'en emparer ; il sautait avec rapidité d'un câble sur l'autre ; enfin, contraint par la faim, il tomba d'une grande hauteur sur mes genoux, comme pour y chercher refuge, sûr que sa confiance en moi m'empêcherait de le livrer pour subir la punition qu'il méritait. »

— Bien ! s'écria Agnès ; j'eusse agi diffé-remment, car je pense qu'une si méchante bête méritait d'être pendue.

— Je pense comme vous, ma chère, dit mistriss Merton, que cet animal dangereux aurait dû être détruit après avoir jeté le pre-mier singe dans la mer. Supposons un enfant à bord, il eût pu le noyer également.

— Je regarde ce sujet comme fort intéres-sant, répliqua mistriss Merton. On peut dire beaucoup de choses sur les affections formées entre les animaux différents par leur nature et par leurs habitudes. Les animaux, à ce qu'on prétend, et comme je l'ai dit à ma fille, sont seulement guidés par l'instinct ; mais cet instinct ne se borne pas seulement à la conservation de leur vie, au soin de leurs petits ou à l'usage que l'homme peut en tirer; il s'étend encore à des actes d'une sagacité extraordinaire, mais il ne va pas jusqu'à donner aux animaux le pouvoir de raisonner. Toutefois les exemples dans lesquels les animaux ont agi en sens contraire de leur instinct, ou formé une amitié avec une créature que leur nature les portait à détruire, sont très remarquables, et méritent d'être conservés.

— Je suis bien aise de voir que vos idées s'accordent si bien avec les miennes sur ce sujet, dit le vieux gentilhomme ; et si vous vouliez entrer dans la maison et vous reposer, je vous lirais, pendant que vous prendrez quelques rafraîchissements, le récit d'une amitié de ce genre entre un chien terrier et un rat blanc, fait d'autant plus remarquable, qu'on se sert généralement des terriers pour détruire les rats.

Mistriss Merton et sa fille y consentirent d'autant plus volontiers qu'elles se sentaient fatiguées.

« Un rat blanc, dont l'espèce est rare, ayant été attrapé dans une écurie, me fut apporté aussitôt, car on connaissait mon intérêt pour toutes les curiosités animales. Il était au tiers de sa croissance et extrêmement sauvage ; et lorsqu'il lui fut permis de courir dans ma chambre, il se précipita sur moi avec une grande férocité. Je le mis dans une cage d'écureuil avec une roue tournante, et lui fis garder un strict régime pendant deux ou trois jours, ne lui donnant à manger que ce qu'il tenait de ma main. D'abord il voulait me mordre les doigts à travers le fil d'archal, mais peu à peu son irritation se calma ; il sortit de la cage à mon approche, et s'habitua à reconnaître ma voix. Il commença aussi à sentir toute la sécurité que lui présentait la cage, et ne voulut en sortir qu'après y être forcé. Lorsque j'y entrai la main pour l'en retirer, il me mordit et le fit depuis à plusieurs reprises ; mais voyant que je n'y prenais pas garde, et que je le traitais avec la même bonté, il cessa de se montrer courroucé, et resta purement passif lorsque j'ouvrais le couvercle de la cage pour le regarder.

» Comme je restais presque toujours seul, occupé à lire ou à écrire, j'ôtais souvent le rat de sa cage, et il s'apprivoisa bientôt en voyant qu'on ne s'occupait pas de lui, ce que j'évitais soigneusement ; aussi venait-il sur mes pieds sans la moindre appréhension pour ramasser çà et là les miettes que je laissais tomber à dessein. Enfin au bout de quinze jours il approchait dès que je l'appelais, et recevait de ma main du sucre et du pain.

» J'avais à cette époque un petit terrier blanc nommé Flora, excellent tueur de rats, et doué de beaucoup de courage, qui ne me quittait pas, et se mettait toujours près de la cheminée. Le premier jour que le rat me fut apporté et mis en cage, Flora sembla très portée à en faire justice ; mais dès que je pus tenir le rat dans ma main, j'appelai Flora, et je leur fis faire connaissance. Avec la sagacité propre aux chiens, Flora comprit ce je voulais dire, et ne montra plus la moindre tentation à attaquer le rat. Au contraire, ils se lièrent ensemble, et lorsqu'un étrauger entrait, le rat se mettait sous la protection de Flora en courant dans un coin, tandis que celle-ci restait en faction, grommelant et faisant voir ses dents de la manière la plus furieuse, jusqu'à ce qu'elle fût complètement sûre qu'on ne méditait aucune trahison contre son protégé.

» Un large mur entourait mon jardin, et j'y laissais entrer souvent le chien et le rat pour s'amuser ensemble, ce qu'ils faisaient en jouant à cache-cache au milieu des fleurs ; mais dès que mon sifflet se faisait entendre, ils arrivaient à l'envi l'un de l'autre pour me présenter leurs hommages. Sitôt que je me mettais à table, Scugg, le rat, grimpait en montant sur mes jambes, et, si l'on n'y prenait garde il enlevait le sucre, la pâtisserie, le fromage dont il grugeait un peu, et laissait le reste à Flora ; mais si Flora avait de l'appétit, ce qui lui arrivait quelquefois, et voulait donner le premier coup de dent, Scugg la tenait en respect en lui donnant un coup de patte sur le museau, jusqu'à ce qu'il lui fut permis de prende sa part. Ils buvaient du lait au même vase, et Scugg dormait entre les jambes de Flora. Le rat, dès le premier instant, ne manifesta aucune peur du chien, ce que j'attribue à le nouveauté de sa situation qui le mettait au désespoir et le rendait insensible à la frayeur. La présence d'un étranger à ma table ne l'empêchait pas d'y pousser ses ravages, mais il ne mangeait que de ma main. Il m'était excessivement attaché, et se tenait des heures entières dans ma redingote ou dans mes poches lorsque je sortais. Bien des personnes pensaient que la couleur du rat le protégeait contre Flora ; mais, au mois de novembre 1824, un autre rat blanc fut attrapé et apporté chez moi pendant que Scugg et Flora jouaient ensemble. J'ouvris la trappe et mis l'étranger au milieu d'eux ; les rats se mirent à courir, poursuivis par le chien : l'un fut au même instant saisi et étranglé, à mon grand regret, car les deux rats se ressemblaient si fort que je ne pouvais les distinguer ; ma joie fut donc égale à ma surprise quand je vis Scugg se réfugier dans son coin, et Flora à son poste pour le protéger.

» Mon rat blanc ressemblait à un furet par la couleur ; il était légèrement nuancé de jaune, mais pas autant que le furet; ses yeux étaient rouges, sa contenance douce et tranquille. Il n'avait aucune odeur et il était fort propre ; il semblait vivement impressionné si son poil était mouillé ou hérissé en sens contraire. La seule chose désagréable en lui était sa queue, qui m'inspirait une répugnance invincible, et lorsqu'il la paasait sur ma figure dans ses élans de gaîté, il me faisait légèrement frissonner.

» Lorsque la ferme, les étables, le chenil où mon rat se tenait jadis, eurent disparu pour faire place aux jardins de plaisance de Pitt-Hall, la colonie de rats blancs fut dispersée, et prit ses quartiers dans différents endroits de la ville, et je suppose qu'elle fut totalement exterminée par les rats bruns.

6

Quelques-uns néanmoins furent bien accueillis et firent alliance avec leurs voisins ; car deux ou trois années après, quelques rats mi-couleur furent attrapés, et disparurent tous depuis.

» Plus tard, je dus me séparer de mon petit ami, qui ne survécut que trois ou quatre semaines, soit par la douleur qu'amena cette séparation, soit qu'on ne le tînt pas aussi propre, ou qu'il n'eût plus la même liberté ; c'est ce que je ne saurais dire. Je l'envoyais chercher de temps en temps pour le montrer à des personnes qui voulaient le voir, mais la dernière fois j'eus une grande difficulté à l'ôter de mon sein pour le remettre en cage ; il se mit dans un coin tout-à-fait morose, et fut trouvé mort dans cette position le lendemain matin. »

Mistriss Merton partit enfin, en promettant de revenir un autre jour pour voir le reste de la ménagerie.

VIII

PHOSPHORESCENCE DE LA MER.

Lorsque mistriss Merton et Agnès retournèrent chez mistriss Wilson, elles la trouvèrent avec le capitaine Seymour ; et lorsqu'elles racontèrent le plaisir dont elles avaient joui chez M. Trelawney, le capitaine Seymour, s'adressant à Agnès, lui demanda si elle avait jamais observé la phosphorescence de la mer.

— Oh oui ! s'écria-t-elle, nous vîmes la mer rouler des ondes d'or la première nuit de notre arrivée, et maman me dit que cela était occasionné par les insectes. Oh ! ce spectacle me sembla bien beau !

— Dans des climats plus chauds, il est plus

beau encore, et il est impossible à celui qui parcourt la vaste étendue des mers de ne pas se sentir transporté à la vue des scènes qui se présentent à ses yeux pendant une soirée calme et sereine, avec une brise rafraîchissante qui enfle les voiles; et tandis que le vaisseau fend les ondes qu'il sépare avec grâce, vous voyez, aussi loin que l'œil peut atteindre, d'innombrables étincelles apparaître sur la surface et s'évanouir comme une armée de petites étoiles qui scintillent leur éclat sur les profondeurs de la mer. Quelquefois encore, lorsque la nuit est sombre, nébuleuse, et qu'une brise légère pousse rapidement le vaisseau à travers une voie inconnue, lorsque vous vous mettez à l'arrière du navire, vous voyez, indépendamment de ces étincelles brillantes dont je viens de parler, des globes d'un feu éclatant se balançant sur l'onde tranquille le long de la ligne que trace le gouvernail, tantôt brillant à une grande profondeur au travers de l'eau, tantôt apparaissant à sa surface, et jetant un éclat propre à éblouir les yeux du spectateur, lorsqu'elles ont monté au sommet de la vague, puis flottant avec majesté jusqu'à ce qu'elles aient disparu par degrés dans les ténèbres. Souvent aussi, lorsqu'il pleut un peu, ou aux approches de la pluie, quand un nuage nébuleux assombrit le ciel, sur le flot agité par le passage du vaisseau, ou sillonné par le cable qui traîne à la remorque, une lumière éclatante jaillit de toutes parts, assez brillante pour illuminer les côtés du vaisseau et les voiles déployées en ce moment, et il n'est pas extraordinaire d'avoir alors une clarté assez vive pour pouvoir lire fort à son aise.

— Quelle est la cause de cette singulière apparition? demanda mistriss Wilson.

— C'est une question, reprit le capitaine Seymour, qui a été longtemps débattue, et n'a été résolue que dans les derniers temps. Quelques auteurs prétendaient autrefois que c'était le reflet de la lumière du soleil que la mer avait absorbée durant la journée et qu'elle renvoyait ainsi la nuit; d'autres ont soutenu que ce phénomène était purement électrique et amené par le frottement du vaisseau qui sillonne les ondes. D'autres philosophes ont avancé que les eaux de la mer étaient douées d'une nature phosphorescente, et que toute cette clarté émanait d'elles, et ils en sont restés là, très satisfaits d'avoir donné un nom à la chose, sans s'inquiéter beaucoup de la vraie signification du mot, tandis que d'autres ont attribué ce phénomène à la pétrufaction des eaux de la mer. Il n'y a que peu de temps que l'on a découvert la véritable cause de cette apparence lumineuse, et la plupart des auteurs se sont accordés à dire qu'elle procédait d'animalcules. De l'examen fait chaque jour sur les eaux de l'Océan, on a établi l'authenticité de cette opinion, et maintenant plusieurs espèces de ces petits animaux sont connues des naturalistes.

— Ainsi, maman avait parfaitement raison en me le disant! s'écria Agnès.

— Il serait superflu, continua le capitaine Seymour, sans prendre garde à cette interruption, de réfuter les théories des auteurs qui ont écrit sur la phosphorescence de la mer. Il suffit de dire que les animalcules ont été surpris dans le moment même où ils projettent leur lumineuse apparence, en nombre considérable. Pendant mon dernier voyage aux Indes et à la Chine, j'eus maintes occasions d'examiner les animaux qui produisaient cet effet, et je pris des esquisses de la plupart d'entre eux, aussi bien que j'ai pu le faire. Après avoir examiné l'eau de la mer à différentes époques, et dans les parties diverses de l'Océan, je la trouvai généralement plus lumineuse là où l'on rencontrait le plus de ces petits corps en forme de globes, depuis la grosseur d'un grain de sable jusqu'à celle de la tête d'une petite épingle. J'en dessinai quelques-uns, tels qu'on les voit au travers d'un microscope. Un grand nombre de ces petits animalcules, pris près du cap de Bonne-Espérance, ressemblaient à des grains d'or. Ils étaient ronds comme des balles et couverts d'innombrables petites taches; ils avaient aussi une large tache brune et circulaire au centre avec une bordure à l'entour. Cette bordure était opaque, mais le reste du corps semblait absolûment transparent. Quelquefois aussi, en guise de cette bordure circulaire du centre, les animalcules avaient une raie brune qui traversait leur largeur, et j'ai même souvent observé qu'ils étaient comme enveloppés dans une matière gélatineuse très mince et très transparente.

— J'aimerais beaucoup à les voir au travers du grand microscope, à l'Institution polytechnique de Régent's-Skeeh, dit Agnès.

— Ces petits êtres, continua le capitaine, apparaissaient lorsque l'eau était toute lumineuse, et ils étaient en grand nombre, surtout dans les détroits ou près du rivage. Leur véritable grosseur équivaut à celle d'un grain de sable; mais ils apparaissaient plus grands lorsqu'on les voyait reluire dans les eaux. Quand on prenait un baquet plein d'eau de mer et qu'on la versait sur le pont, on apercevait d'innombrables mouchetures de la grosseur de petits pois, qui, prises dans la main et regardées à la lumière, étaient à peine sensibles à la vue. Grossis par la réfraction de l'eau et leur propre lumière, des milliers sans nombre de ces animalcules, épars sur la surface des mers, agités et mis en mouvement par le cours rapide du vaisseau au au milieu d'eux, présentaient un spectacle au-dessus de toute expression.

— Tous ces êtres ont-ils la forme de bulles? demanda mistriss Wilson.

— Non, reprit le capitaine; quelques-uns sont très grands et ornés de rayons partant du centre, comme sont les étoiles. Ces derniers apparaissaient le plus souvent dans les détroits et près du rivage, et en plus grand nombre lorsque la mer était lumineuse. La grosseur naturelle de leur corps est la moitié de la tête d'une épingle, mais ils semblent se composer de tentacules ou bras avec de nombreuses jointures. Ces tentacules partent d'un point noir placé au centre, qui est probablement le corps de l'animal, quoique je n'aie jamais pu distinguer aucun organe particulier qui en fît partie. Vus au travers du microscope, on remarquait une quantité de ces petits corps ronds, insensibles à l'œil nu, attachés aux tentacules, ou nageant autour d'elles, et que j'ai vues toujours inséparables de cet animal. Ils étaient jetés dans un moule élégant, sem-

blaient transparents, avaient une raie brune
le long du centre, et on les voyait toujours
en mouvement, tournant comme autour de
petites roues. Un autre corps, qui doit tout
au moins appartenir à la même famille, se
montrait souvent en même temps. Il est de la
longueur du quatorzième d'un pouce et se
compose de tentacules, sans qu'un corps central pût être aperçu. Chacune de ces tentacules présente de nombreuses jointures; et
le tout a à peu près la forme d'une horloge
de sable ou d'un paquet de fagots attachés
légèrement par le milieu, mais étendus aux
extrémités. Les tentacules paraissaient évidem-
ment tenir à quelque chose au centre, mais
divergeaient et n'étaient pas retenues aux extrémités. Ces intéressants animalcules abondaient dans le détroit de Malaca, et on en
rencontrait souvent dans le grand Océan.
Deux autres espèces abondaient conjointement
avec celle-ci dans le même détroit. L'une se
distinguait par des tentacules courtes, épaisses, courbées, disposées en cercle, réunies
au centre, et s'enlaçant l'une à l'autre comme
la bardane. Elles n'avaient pas de jointures,
et différaient, sous ce rapport, de celles que
j'ai précédemment décrites. La seconde espèce
possédait des tentacules courtes et droites,
sans jointures, d'une forme ovale ou circu-

laire, et souvent aussi se montrant double, comme si un corps était attaché ou procédait d'un autre corps. La grosseur naturelle de ces espèces ne dépassait pas celle d'une petite tête d'épingle ; mais la dernière variété était du double de la grosseur des autres.

— N'avez-vous jamais essayé de conserver quelques-uns de ces animalcules ? demanda mistriss Merton.

— Je l'ai tenté, reprit le capitaine. J'avais trouvé dans le détroit de Banca un petit animal très intéressant, une *Medusa*, qui avait une propriété phosphorescente. Je n'en eus qu'un seul spécimen, et je me le procurai pendant le jour. Après l'avoir examiné, on le mit dans un verre rempli d'eau de mer. Lorsqu'il fit sombre, et que la surface de l'eau fut agitée avec le doigt, elle projeta quelques brillantes étincelles. Cette clarté cessa toutefois lorsqu'on agita l'eau continuellement ; mais dès qu'on l'eut laissée reposer, elle sembla recouvrer sa faculté et projeta de vifs éclats de lumière dès qu'on eut remué l'eau avec le doigt. L'animal lui-même, vu au travers d'un microscope, semblait composé d'un sac de gélatine transparente contenant un corps allongé, fixe comme sur un piédestal, et partagé au sommet en quatre lobes. L'ouverture du sac était entourée de tentacules recourbées ressemblant un peu à de petits crapauds, au nombre de quatorze, et rattachées dans la partie la plus étendue de leur extrémité. L'ensemble de ces petits corps s'agita tout le temps que l'animal fut observé au travers du microscope; les pointes du sac se contractaient soudainement et se rouvraient aussitôt, tandis que le corps central et les tentacules suivaient ses mouvements. La grosseur naturelle de cette intéressante créature était celle d'une petite tête d'épingle.

Le capitaine quitta ces dames; mais il envoya dans la soirée quelques esquisses des formes d'animalcules qu'il venait de décrire, et telles qu'il les avait vues au milieu d'un microscope.

IX

LE SINGE UNGHA DE SUMATRA, ET LE CASSE-NOIX.

Quoique le capitaine Seymour leur eût conté
beaucoup de choses curieuses, amusantes et
instructives, Agnès ne l'aimait pas autant que
le bon M. Trelawney, et elle attendit impa-
tiemment le jour où elle devait faire à celui-
ci une seconde visite. Enfin la matinée de ce
grand jour arriva, et Agnès eut à peine la
patience nécessaire d'attendre que sa mère
jugeât du moment où il fallait se mettre en
marche. La distance lui parut plus grande
qu'auparavant; mais enfin elles finirent par
arriver, et M. Trelawney vint les recevoir d'un
air souriant. Il avait de l'amitié pour Agnès,
à cause du plaisir évident qu'elle semblait

trouver dans sa société, et elle l'aimait parce
qu'il la traitait avec bonté. En entrant dans
la maison , M. Trelawney la mena tout de
suite à la bibliothèque, et Agnès fut frappée
d'y voir un singe d'une mine curieuse, assis
sur une chaise, les bras sur la poitrine, les
jambes croisées l'une sur l'autre, et regardant
les visiteurs de l'air le plus rusé.

— Ungha ! s'écria M. Trelawney , est-ce
ainsi que vous recevez les dames qui viennent
vous voir? Levez-vous, je vous prie, et allez
les saluer.

Le singe sauta de dessus sa chaise, fit une
profonde révérence à ces dames. Ungha était
haut de deux pieds et demi , avait de très
longs bras, si longs en effet qu'il pouvait toucher à terre sans se courber ; et ces horribles
longs bras il les éleva aussi haut qu'il put au-
dessus de sa tête avant de faire sa révérence.
Tout son corps était couvert d'un poil raide
d'un beau noir de jais. Sa figure était sans
poil, mais portait d'énormes moustaches, et
ses cheveux se tenaient au haut de sa tête
comme s'il les eût relevés avec une brosse.
Ses pieds ressemblaient à des mains.

— A présent, Monsieur, dit le vieux gentilhomme, après qu'Ungha eut fait sa révérence à ces dames, venez nous tendre la
main.

Ungha s'approcha et présenta à Agnès une main douce et couverte d'une peau noire et luisante. — Oh! oh! dit M. Trelawney en riant, c'est cette personne que vous préférez, n'est-il pas vrai? Et Ungha grommela en montrant ses dents blanches comme s'il l'avait parfaitement compris.

— A présent, monsieur, faites voir vos gants? dit le vieux gentilhomme; et il fit observer aux dames que le poil de la partie supérieure des bras descendait, tandis que le poil de la partie inférieure remontait, ce qui donnait au singe tout l'air de porter des gants. Ungha semblait se complaire au plaisir que l'on prenait à le regarder, et il étendit ses longs bras avec toute l'apparence d'une vive satisfaction.

— Il aime à ce qu'on prenne garde à lui, observa mistriss Merton.

— Oh oui! reprit M. Trelawney. On peut presque dire d'Ungha qu'il est vain, et il a quelques raisons pour cela. Voyez, ses mains sont très jolies, ses doigts fins et déliés, et le pouce en est plus court que les autres doigts, comme dans la main de l'homme. Sa figure recouverte d'une peau noire et luisante et ses larges moustaches lui donnent bonne mine, tandis que ses oreilles sont petites et ressemblent aux nôtres. Il a des ongles aux doigts des pieds et des mains, au lieu d'avoir des griffes, et il marche tout droit. Je suis fâché néanmoins de ne pouvoir vanter sa démarche, qui certes n'est pas des plus gracieuses. Il se donne une singulière façon en tournant ses jambes, et l'on dirait qu'elles sont tortues, tandis qu'en posant son pied tout entier sur le parquet il fait un bruit désagréable. Mais dans ses forêts natales sa gaucherie disparaît, et il saute de branche en branche avec une agilité vraiment surprenante. Son pied est tout aussi flexible que sa main, et il peut tenir une branche dans l'une comme dans l'autre.

— C'est encore un exemple admirable de la sagesse divine, repartit mistriss Merton, que nous trouvions partout les créatures sauvages pourvues du moyen de se protéger elles-mêmes. Si leur démarche est gênée, ils sont doués du pouvoir de sauter et de grimper, et même les oiseaux dont le vol n'est pas rapide sont doués, comme les autres, par exemple, d'une agilité surprenante.

Il en est de même pour Ungha, reprit son maître; il marche si mal qu'un homme le renverserait sur-le-champ; mais ses facultés de sauter et de grimper sont véritablement étonnantes. Voici une esquisse qui en a été faite par un de mes amis qui l'a vu dans ses forêts natales.

— Etait-il bien sauvage lorsqu'on l'a pris ? demanda mistriss Merton...

— Je ne crois pas. Tout au moins se montra-t-il apprivoisé dès le premier instant qu'on m'en fit présent. Il avait été pris par des Malais, et vendu à mon ami. Mais, si vous le permettez, j'ai quelques particularités à vous lire à ce sujet, avant que nous allions voir le reste de la ménagerie.

Mistriss Merton déclara qu'elle aimerait à les entendre. M. Trelawney, ôtant quelques papiers de son secrétaire, se prépara à les lire, tandis qu'Ungha se rassit dans son fauteuil, les bras croisés sur sa poitrine, dans la pose où ces dames l'avaient trouvé en entrant, le menton appuyé contre la table, ayant l'air d'écouter attentivement ce qui se disait. M. Trelawney commença en ces termes :

« En entrant un jour dans la basse-cour où Ungha était gardé, je le vis avec déplaisir tout occupé à détacher sa ceinture et sa corde, en poussant un cri bruyant et tout particulier. Une fois en liberté, il marcha avec sa manière toute raide vers les Malais qui se tenaient auprès, et ayant serré les pieds de quelques-uns d'entre eux, il vint à un garçon malais, sauta sur son dos, et se pressa

fortement contre lui, montrant dans ses regards, et par la vive expression de sa joie,
combien il était heureux d'être dans les bras
de son ancien maître. Depuis que ce garçon
l'avait vendu, le singe courait du côté de l'eau
dès qu'il était mis en liberté, car le petit
Malais était à bord de l'équipage qui venait
d'arriver à Sumatra, et l'on ne parvenait à le
rattraper que lorsque, venu auprès de la mer,
il ne pouvait plus courir au-delà.

» Quand on l'eut mis à bord du vaisseau
qui devait le conduire en Angleterre, il ré-
compensa son conducteur par une morsure,
s'échappa, courut sur les mâts ; mais il re-
descendit vers le soir et fut aisément mis à
la raison.

— La nourriture d'Ungha se composait en
grande partie de végétaux, et il préférait les
carottes à tout ; en fait de viande, il aimait
la volaille ; mais un jour on prit un lézard à
bord, et on le lui donna : il se mit à le dévorer avec avidité. Il dormait généralement sur
le côté, la tête appuyée sur les mains, et se
retirait, dès que cela lui était possible, au
coucher du soleil. Le matin il se montrait peu
disposé à se lever avec le jour, et souvent,
après qu'on l'avait réveillé, il restait couché
sur le dos, ses longs bras étendus, et les
yeux ouverts, comme s'il pensait à se lever

ou non. Lorsqu'un ami l'approchait, il poussait une espèce de cri particulier, comme le ramage d'un oiseau ; mais dès qu'il était contrarié ou effrayé, il faisait un bruit sourd, suivi à haute voix des syllabes gutturales : *ra, ra, ra.* Il n'était pas en général malfaisant, mais il avait une propension bien singulière : il aimait l'encre, et dès qu'il en trouvait l'occasion, il mettait à sec l'écritoire et suçait les plumes. Le nom d'Ungha lui devint bientôt familier, et il accourait dès qu'on l'appelait ainsi.

» Il y avait à bord une petite fille née à Erromango, île du groupe des Nouvelles-Hébrides de l'Océan du sud. Ungha aimait beaucoup cette enfant, qui lui était fort attachée. Ils restaient des heures entières assis ensemble près du cabestan, le singe tenant ses longs bras autour du cou de la petite, mangeant leur biscuit ; quelquefois elle le conduisait par une des pattes, comme lorsqu'on donne des leçons de danse à un enfant. C'était une chose curieuse à voir, car Ungha tournait précisément en dedans ses genoux et ses pieds, au lieu de les tourner en dehors, et sa large patte se posait sur les planches comme celle d'un canard, lorsqu'il essayait de danser. Il leur arrivait de rouler ensemble sur le pont, le singe poussant l'enfant avec ses pieds et faisant semblant de la mordre ; puis prenant une corde, il essayait de la passer autour de sa taille, déjouant tous ses efforts pour l'atteindre ; et lorsque, de guerre lasse, elle étendait ses deux mains et restait tout étourdie, il se précipitait dans ses bras, et se jetait à son cou. Si toutefois la petite fille voulait jouer avec lui quand il n'y était pas disposé, ou après qu'il avait essuyé quelque contrariété, il mordait délicatement son bras, comme pour lui insinuer qu'on ne devait pas se permettre des libertés avec lui, ou comme ferait un enfant qui dirait : « Ungha ne veut pas jouer à présent. »

« On avait plusieurs autres singes à bord, avec lesquels Ungha semblait porté à former une liaison ; mais ils rejetèrent ses avances en caquetant, et en manifestant des intentions hostiles. Le petit homme vêtu de noir, comme l'appelaient nos matelots, ne goûta pas ce procédé, et dès l'instant qu'il en trouva l'occasion, il saisit une corde, et se glissant dans l'endroit où tous les autres singes se tenaient rassemblés, il en prit un par la queue avec son pied droit et monta les agrès, tandis que l'infortuné singe, tiré par la queue, et ballotté de la manière la plus incommode, caquetait et grommelait tout le temps dans sa rage impuissante contre son oppresseur.

Ungha goûta si fort cettte plaisanterie qu'il traita depuis plusieurs singes de la même manière, pour les punir de leur impertinence. »

— Oh maman ! s'écria Agnès, regardez donc Ungha. Il semble comprendre chaque parole de M. Trelawney, et rire au souvenir de ses exploits.

En effet, Ungha avait l'air de tout comprendre et d'en jouir ; et lorsque Agnès eut dit ceci, il lui tendit la main. M. Trelawney regarda le singe avec bonté, le caressa, et continua en ces termes :

« Il y avait à bord un petit cochon qui rôdait souvent sur le pont, et dont la queue frisait, chose qui déplaisait fort à Ungha, car il le poursuivait toujours, et voulait redresser son poil ; mais ses efforts ne menaient à rien : le cochon, ne se souciant pas du tout de son intervention, grognait un peu, et se redressait dès que le singe avait laissé aller sa queue pour l'arranger, et courir comme auparavant.

» Ungha ne souffrait pas qu'on se moquât de lui ; et un jour qu'il était à table, quelques personnes ayant ri en le regardant, il cessa de manger, poussa son cri particulier, comme s'il aboyait, et fit enfler la peau qu'il a au-dessous du menton. Alors il regarda d'un air sérieux et solennel les personnes qui l'entouraient, et ne se remit à son dîner qu'après qu'elles eurent cessé de rire. Il détestait de rester enfermé seul, et ne pouvait supporter d'être trompé ; il aimait les gâteaux, et quand on lui en refusait, ou qu'il était contrarié, il se laissait aller à tout l'emportement de son caractère. Il lui arrivait de se rouler sur le plancher, et de briser tout ce qu'il trouvait à sa portée. Au coucher du soleil, voulait-il se retirer, il allait à un de ses amis, poussait un cri particulier qui ressemble au ramage de l'oiseau, pour le prier qu'il le prît sur ses bras ; si l'on cédait à sa demande, il était aussi difficile de se débarrasser de lui que du vieux homme de l'Océan dans *Sindbad le marin* ; il jetait des cris et s'attachait fortement aux bras de la personne qui le tenait, et l'on ne pouvait l'en retirer que lorsqu'il était tout-à-fait endormi. »

A cette partie de l'histoire d'Ungha, Agnès ne put s'empêcher de le regarder en hochant la tête ; Ungha, d'un air profondément honteux, étendit son long bras, et s'accrochant à une des tablettes sur lesquelles des livres étaient posés, il s'élança sur une armoire, en faisant tomber un oiseau empaillé qui se trouvait sur son chemin. — Ungha ! Ungha ! s'écria son maître, vois ce que tu fais au pauvre

7..

casse-noix. Mais Ungha restait assis, les mains sur la poitrine, fort peu disposé à descendre. Mistriss Merton venait de relever l'oiseau, et faisait remarquer à Agnès la grande force de son bec.

— Vous avez raison, dit M. Trelawney, ce petit oiseau est gros comme un moineau, son corps est dans la même proportion, sa queue est très courte, tandis que son bec qui est très fort a près du tiers d'un pouce de longueur. Cet oiseau n'est pas chanteur, il est pétulant et gai, surtout avant l'époque où il construit son nid. Les noix et les graines des arbres sont la nourriture qu'il préfère, et sa manière de casser les noisettes est vraiment curieuse : il fixe la noix dans la crevasse d'un vieux arbre, et se plaçant au-dessus, la tête en bas, il frappe sur le rebord de la coque avec la force et l'agilité de son bec pointu, jusqu'à ce qu'il l'ait percée. Lorsque ces oiseaux vivent dans l'abondance, on trouve quelquefois un boisseau de coquilles de noix au pied des arbres.

— Le nid du casse-noix, dit mistriss Merton, est construit d'une manière curieuse. L'oiseau choisit généralement le creux d'un vieux arbre, ou le nid déserté du pivert, au fond duquel il met quelques morceaux d'écorce, des branches d'un pin écossais, s'il peut s'en procurer, et une quantité de feuilles mortes par-dessus, celles du chêne de préférence. L'oiseau en ferme l'entrée avec de la terre, et ne laisse qu'une étroite ouverture, pour que son corps puisse s'y glisser.

— Pourquoi donc la fait-il si étroite ? demanda Agnès.

— Pour prévenir l'attaque des étourneaux, reprit M. Trelawney : et il est curieux de voir ces oiseaux, dont le bec est très fort, essayant d'abattre le mur de terre du casse-noix, et le travail pénible de celui-ci pour réparer les brèches. Quelquefois le casse-noix prend possession du nid déserté d'un autre oiseau, il le change ou l'améliore pour l'approprier à ses besoins en y ajoutant un mur de terre.

— Avez-vous quelque chose de particulier à nous dire sur cet oiseau empaillé ? demanda mistriss Merton.

— Oui, répliqua le vieux gentilhomme ; cet oiseau me fut envoyé après sa mort par un de mes amis, et voici quelques anecdotes à ce sujet.

M. Trelawney ouvrit sa table, prit un papier, et lut ce qui suit : « Un jour que je guettais le passage de quelques pigeons sauvages sous un bouleau, un fusil à la main, je remarquai un petit oiseau couleur cendre s'accroupir sur une des branches de l'arbre qui était au-dessus de ma tête, frappant rudement le bas, et voltigeant tout à l'entour ; je tirai l'oiseau, il tomba : il y avait une large fosse entre lui et moi, et avant que je l'eusse franchie, l'oiseau était parti. Je fus quelque temps à le retrouver, et la manière dont il sut éviter mes recherches peut donner l'idée de son esprit subtil et rusé. Il se tapit dans un trou, au fond du fossé, dans l'intention de s'échapper après le danger ; mais la blessure qu'il avait à l'aile me le fit découvrir, et je m'en emparai. Il était petit et sauvage. La jointure de l'aile étant fracassée, sans qu'il eût d'autre blessure, je coupai le membre mutilé et j'enfermai l'oiseau dans une grande cage avec une alouette. Sa blessure ne lui avait rien ôté de son activité ni de son humeur querelleuse : il se mit aussitôt à concerter ses moyens de fuite ; il s'essaya contre les barreaux, puis contre la charpente de la cage, en faisant un bruit qui résonnait dans la chambre ; voyant que ses efforts étaient superflus, il s'en prit à l'alouette. Je fus donc obligé de les séparer, et je plaçai le casse-noix dans une cage plus petite, en bois de chêne et en fil d'archal. Il y passa la nuit, et ses coups de bec furent les premiers sons que j'entendis le lendemain à mon réveil, quoique je dormisse dans un appartement éloigné. On lui avait donné à manger du poulet haché, des miettes de pain et de l'eau. Il but et mangea avec un calme complet, et un moment après il recommença ses attaques contre la cage avec un tel acharnement qu'à la fin du jour le bois en était percé, comme si les vers y eussent travaillé durant des années. Il ne piquait pas, comme le font en général les autres oiseaux, mais il frappait le bois comme à coups de marteau. Nous espérions qu'il cesserait ses travaux au coucher du soleil, et qu'il irait se reposer. Il continua son travail jusqu'à ce qu'il succombât. Un grand battement d'ailes dans la cage, recouverte d'une gaze, nous avertit qu'il s'y passait quelque chose d'étrange; nous trouvâmes notre oiseau les plumes hérissées, tombé au fond de la cage, et le corps presque disloqué. On l'en retira; il languit quelque temps entre les convulsions et quelques intervalles de mieux, et rendit enfin le dernier soupir. »

— Pauvre petit oiseau ! s'écria Agnès, que je suis fâchée qu'il soit mort !

— Mon ami le fut aussi, ajouta M. Trelawney. Comme il savait que j'avais une collection de différentes espèces, il m'envoya le casse-noix que je fis empailler. Je conserve les papiers qu'on m'envoie avec les animaux dont se composent ma ménagerie et mon musée, et j'aime à les relire à des amis qui prennent à l'histoire naturelle le même intérêt que vous.

— Vous avez donc aussi un musée ? demanda mistriss Merton.

— Oui, répliqua-t-il, si une collection de quelques oiseaux empaillés et de quelques petites curiosités sont dignes de ce nom. Ma collection consiste en objets de peu de valeur ; mais chaque chose tire quelque intérêt des circonstances qui s'y rattachent. Voici quelques-uns de mes oiseaux, ajouta-t-il en ouvrant la porte d'un autre appartement. Mais en cet instant on l'appela pour affaire, et il fut obligé de laisser mistriss Merton et sa fille entrer sans lui dans le musée.

X

LE MARTIN-PÊCHEUR. — L'ÉPERVIER.

Mistriss Merton et Agnès allaient entrer dans le musée de M. Trelawney, lorsque Ungha, voyant son maître parti, se précipita du haut de l'armoire où il avait été chercher un refuge et jeta ses bras autour d'Agnès.

— Pauvre Ungha ! dit mistriss Merton en le caressant ; il vous prend, Agnès, pour son ancienne compagne, et sachant qu'il a mal fait en jetant à terre l'oiseau empaillé, il vient vous prier d'intercéder en sa faveur.

Agnès sourit en caressant le singe, qui, entendant du bruit dans le salon, courut se réfugier dans le même endroit. Agnès le suivit des yeux avec regret ; mais voyant qu'on ne pouvait le faire descendre, elle alla dans l'autre chambre avec sa mère pour examiner les oiseaux empaillés. Le premier qui appela leur attention fut le *Martin-pêcheur* ; et comme Agnès n'avait jamais vu un de ces oiseaux, elle demanda à sa mère de lui en raconter quelque chose.

— Le martin-pêcheur, dit mistriss Merton, a des formes peu élégantes ; mais la variété et l'éclat de ses couleurs font sa beauté. Sa tête est d'un vert olive changeant, qui ressemble à une soie brillamment nuancée, et au-dessus de ses yeux vous voyez une raie d'une couleur orange foncé qui reparaît blanche sur son cou ; sa poitrine est orange, passant jusqu'au rouge dans quelques parties, et se modifiant dans d'autres, surtout vers la partie supérieure du cou ; le dos en est bleu clair, nuancé de blanc, et variant en ombres et en beautés avec chaque mouvement de l'oiseau, selon les reflets de la lumière ; la queue est d'un bleu foncé ; les ailes sont d'un vert olive comme la tête ; le bec est d'un brun foncé et les yeux d'un rouge orange. Cet oiseau est très vif, et on peut le voir par un beau jour, voltigeant au-dessus d'un fleuve rapide courir après sa proie, tandis que le soleil rayonne sur son plumage réfléchi dans l'onde limpide. Il se nourrit de petits poissons, de vers, et semble très vorace. Lorsqu'il se prépare à manger, vous le voyez, au bord d'une onde claire, tout seul, perché sur la branche d'un arbre, immobile durant des heures entières, épiant le moment où un poisson dont la grosseur lui convient se présente à sa vue : alors il s'élance, plonge, rapporte la proie dans ses pattes, la pose sur le rivage, la tue à coups de bec et l'avale tout entière, rejetant après les écailles, les arêtes et les parties indigestes.

— Oh maman ! voilà un oiseau bien curieux !

— Le nid du martin-pêcheur est construit d'arêtes de poisson mêlées avec de la terre, à ce que dit Montagu dans son dictionnaire d'Ornithologie ; mais les observations des naturalistes plus modernes contrarient cette donnée. Quels que soient les matériaux dont le martin-pêcheur se sert pour son nid, il choisit d'ordinaire la cavité d'un rocher ou d'une hauteur, et très souvent le trou d'un rat. Les œufs de cet oiseau sont fort délicats, presque transparents, et contiennent une plus grande portion d'air que ceux d'aucun autre, en proportion de leur grandeur.

— Il est vraiment curieux, remarqua M. Trelawney, qui venait d'entrer en cet instant, que les œufs de tous les oiseaux qui bâtissent leur nid à terre renferment une plus grande quantité d'air dans leur enveloppe que ceux des oiseaux qui construisent leurs nids sur les arbres. Si les petits des premiers, dont nous parlons, viennent au monde dans un état plus complet, il faut l'atribuer à une plus grande quantité d'oxygène que ceux des autres, qu'on voit faibles et nus pendant plusieurs jours ; tandis que la couvée du nid construit à terre est couverte d'édredron, et peut s'envoler avec une entière sécurité.

— Le martin-pêcheur, reprit mistriss Merton, est, on le suppose, l'alcyon des poètes, et l'on imagine que le nom de journées d'Alcyon est dérivé de ce qu'il fait généralement beau temps lorsqu'on voit cet oiseau guetter sa proie. Les anciens croyaient que l'alcyon construisait son nid sur l'Océan, et que sa présence pouvait calmer le plus furieux orage. On supposait que la branche sur laquelle il s'était perché restait flétrie ; on séchait son corps après sa mort pour préserver les habits des mites ; on lui attribuait la vertu d'éloigner le tonnerre, d'augmenter les trésors cachés, de préserver la paix des familles, et de donner le bonheur à la personne qui le portait sur soi.

Dans les temps modernes, cet oiseau a fourni aussi chez quelques peuples idôlâtres le prétexte d'étranges superstitions. Les Tar-

tares imaginent que s'ils jettent ses plumes sur l'eau, en conservant précieusement celles qui surnagent, la femme qu'ils toucheront avec une de ces plumes leur est destinée pour épouse. Les Ostiaques portent sa peau sur leur corps en guise d'amulette, pour les garder de toute espèce de mal; et même dans le dernier siècle on supposait que son corps séché et suspendu à une ficelle tournerait toujours sa poitrine vers le nord, et vers le point d'où part le vent. Mistriss Charlotte Smith mentionne cette dernière superstition, et nous dit qu'elle a vu un martin-pêcheur empaillé suspendu aux solives d'une chaumière dont les habitants lui certifiaient que, quoique à l'abri de l'influence immédiate du vent, l'oiseau ne manquait jamais de leur prédire toute espèce de changement, en tournant son bec du côté d'où le vent allait venir.

Une autre superstition par rapport à l'alcyon, dit M. Trelawney, c'est qu'il voltige, à ce qu'on prétend, au-dessus de l'eau pour attirer le poisson par l'éclat de son plumage; et il est encore dit que si on le sèche après sa mort, et que l'on garde son corps, il renouvelle son plumage dans la saison habituelle où les oiseaux sont en mue.

— Toutes ces superstitions, ajouta mistriss Merton, proviennent des idées fausses sur Dieu, et, comme telles, ne me semblent pas plus extraordinaires que tant d'autres qu'on pourrait citer ; mais il est difficile de savoir pourquoi le martin-pêcheur y a donné lieu. Il est probable néanmoins que l'habitude de planer dans les airs par un beau temps a fait imaginer la première de ces fables, et que la beauté et l'éclat de son plumage ont donné naissance à l'autre.

L'attention d'Agnès fut arrêtée en ce moment par un oiseau qu'elle croyait un faucon empaillé ; elle le désigna vivement à sa mère.

— Que pensez-vous de cet épervier? lui demanda M. Trelawney.

— Ne ressemble-t-il pas à l'autour? dit-elle timidement en regardant sa mère.

— Il lui ressemble beaucoup, au moins quant à l'extérieur, dit le gentilhomme en souriant, et je vois que votre œil est passablement exercé. Mais quand nous en venons au caractère, toute ressemblance cesse entre ces deux oiseaux. L'autour, comme vous le savez, est éminemment poltron ; mais l'épervier est hardi, actif, il est la terreur des souris est des petits oiseaux, et parfois même un dangereux ennemi pour les oiseaux qui lui sont supérieurs en taille et en force.

— Comme preuve de son agilité et de son courage, dit mistriss Merton, on l'a vu écraser un groupe de volaille dans une basse-cour, et enlever un poulet malgré les cris de frayeur de la fille de la ferme.

— Le courage de l'épervier en eût fait un oiseau admirable pour la fauconnerie, dit M. Trelawney, s'il savait voler contre le vent; mais son vol, quoique rapide, n'est pas de longue durée. L'épervier se donne rarement la peine de construire son nid ; il prend ordinairement la possession d'un vieux nid déserté, et le plus souvent de celui d'une corneille. Ses œufs sont d'un bleu pâle, colorés d'un rouge brun et sombre. Les parents ont grand soin de leurs petits, et leur donnent une nourriture abondante. M. Selby nous dit avoir trouvé un nid qui contenait cinq jeunes éperviers pourvus d'un vanneau mort, de deux merles, de deux linottes et d'une grive, tout récemment tués, dépouillés de leurs plumes en partie, et, sans aucun doute, préparés par les parents pour la couvée.

— L'épervier, dit mistriss Merton, est un oiseau non-seulement commun en Angleterre, mais dans toutes les parties du monde; on le considère en Egypte comme un oiseau sacré, et dans la Méditerranée les marins l'appellent corsaire, à cause de sa hardiesse et de sa vorocité.

XI

LES LANIERS, LE GOBE-MOUCHE OU GOBEUR DE MOUCHES.

— Je crois connaître cet oiseau, dit mistriss Merton, en approchant d'une autre armoire qui renfermait des oiseaux empaillés : c'est l'Oiseau du Boucher.

— Oh maman! s'écria Agnès, qu'a donc fait cette gentille petite créature pour mériter un si horrible nom?

— C'est reprit M. Trelawney, à cause de l'habitude qu'ils ont d'accrocher à une épine les souris et les petits oiseaux qu'ils ont tués, avant de les mettre en pièces pour les dévorer, tout comme on le voit faire au boucher qui accroche le veau et le mouton mis à mort avant de les dépecer. On les appelle *Shrick* (criard), parce qu'ils font entendre des cris perçants en s'envolant, et qu'on les croirait poursuivis en les voyant courir précipitamment et sans ordre. Le nom latin de cet oiseau, *lanius*, signifie couper ou mettre en pièces. Les laniers vivent en troupes. Ils s'assemblent en familles entières, comme le font les grolles; ils bâtissent leurs nids sur les arbres, et ont grand soin de leurs petits. Le grand lanier gris, dont j'ai le modèle empaillé ici, est le plus grand de son espèce. Il est fort rare en Angleterre, et on ne l'y trouve qu'entre l'automne et le printemps; mais il est plus commun en France, où il reste toute l'année. Il se nourrit de petits oiseaux, de souris, de grenouilles, de lézards et de gros insectes; après avoir tué sa proie, il la suspend à une épine bien pointue ou à une branche fourchue, de telle sorte qu'il lui est aisé de la déchirer en morceaux.

— Peut-on réussir à apprivoiser ces oiseaux? demanda mistriss Merton.

— J'ai entendu dire, et c'est le seul exemple que j'aurai à citer, reprit M. Trelawney, qu'un gentilhomme de mes amis en avait gardé un près d'une année, apprivoisé, et qui venait manger dans sa main. Lorsqu'on lui donnait un oiseau ou une souris, il l'enfonçait entre les barreaux de sa 'cage pour pouvoir en dépecer les membres. Il laissait tonjours accroché à la cage le morceau qu'il ne mangeait plus. Les fauconniers, sur le continent, se servent de cet oiseau pour prendre des faucons. Le lanier est blotti à terre, et dès qu'il voit un faucon il pousse un cri perçant qui avertit le fauconnier de son approche. C'est à cause de cela que le lanier gris a encore en latin le nom d'*excubitor*, qui veut dire sentinelle.

— Mais je ne comprends pas trop comment il peut servir aux fauconniers à preudre le faucon, dit mistriss Merton.

— Je m'en vais dire ce qu'un de mes amis écrit à ce sujet, répliqua M. Trelawney, et alors vous en saurez autant que moi.

Il alla ensuite à sa bibliothèque, en rapporta une liasse de papiers, dont il lut ce qui suit :

« Le village de Falconswaard, dans le nord du Brabant, a été longtemps fameux pour ses fauconniers ; il sortait de là des gens instruits dans leur métier qui se répandaient par toute l'Europe, et le peu de fauconniers qui restent (ce plaisir ayant cessé d'en être un sur le continent et chez nous) sont partis du village de Falconswaard. On prend généralement les faucons dans les mois d'octobre et de novembre, quand ils sont au moment de passer au midi de l'Europe. Le fauconnier construit une petite hutte de gazon dans un endroit découvert de la contrée, avec une petite ouverture de côté ; à cent pas de distance de là un pigeon de couleur voyante est mis dans un trou du terrain recouvert de gazon, et attaché avec un cordon qui aboutit à la hutte ; un autre pigeon est placé de la même manière, du côté opposé et à la même distance. A dix pieds d'intervalle de chaque pigeon, une nasse de pêcheur est fixée à terre, de façon à être retirée précipitamment au moyen d'un petit fil d'archal qui y est attaché, et qui aboutit à la hutte ; tandis que le cordon qui retient le pigeon passe au travers d'une ouverture pratiquée dans une pièce de bois fichée en terre au centre du filet. [Le fauconnier tient en réserve un pigeon attaché par une ficelle et plusieurs pigeons apprivoisés qui courent en liberté à l'entour, et qui à la vue du faucon se réfugient dans la hutte. L'Oiseau du Boucher (*lanius excubitor*) est attaché à une courroie près d'une colline de gazon haute d'un pied, à quelques pas de la hutte : on y creuse un petit trou recouvert d'une pièce de gazon pour servir de retraite en cas de danger.

» Le fauconnier ne perd pas de vue la

sentinelle qu'il a placée, et qui aperçoit à une distance presque incroyable le faucon dans les airs. Le lanier alarmé rassemble alors ses plumes, et fixe les yeux vers une seule direction : quand le faucon approche, c'est-à-dire lorsqu'il est à trois ou quatre cents pieds de distance, le lanier crie à haute voix ; mais lorsqu'il vient tout près, il se réfugie dans son trou, et se dérobe à sa vue. Si le fauconnier fait alors partir les pigeons que retiennent le filet, et qui se mettent à courir en battant des ailes, le faucon est tout naturellement tenté de se jeter sur eux, et il se trouve alors inévitablement étranglé. Tant que son ennemi est près, le lanier reste dans sa cachette, osant à peine avancer la tête au dehors de l'ouverture ; mais si le faucon est pris ou s'il s'envole sans attaquer le pigeon, le lanier sort avec précaution, encore effrayé de se hasarder sur la colline, regardant de tous côtés, et longtemps alarmé. L'autour est capable de le terrifier ; il s'efforce de fuir à sa vue, car il sait qu'il le poursuivrait jusque dans sa cachette. Le milan et les variétés du busard ne lui inspirent pas le même degré de frayeur, à moins que ce ne soit de près ; de telle sorte que les mouvements du lanier suffisent pour donner au fauconnier l'idée de la qualité de l'espèce. Si ce n'était l'œil vigilant de cet oiseau, le

fauconnier pourrait compter de longues heures, et ne saurait saisir le moment propice
pour lancer ses pigeons, afin d'amorcer le
faucon. »

— Est-ce que le lanier gris est celui qu'on
trouve si souvent dans le voisinage de Londres ? demanda mistriss Merton.

— Non, reprit M. Trelawney ; cet oiseau est
nommé le lanier au bec rouge, et ne se trouve
que pendant l'été en Angleterre. Les mâles
de cette espèce ont un chant tout particulier,
et les naturalistes français prétendent qu'ils
imitent les accents des petits oiseaux pour
les attirer dans le piége. Ils tuent leur proie
et l'accrochent de la même façon que le lanier
gris, et les y laissent sans les manger. Le lanier
des bois est une autre variété de l'espèce,
qui bâtit son nid sur les arbres, et préférablement sur les chênes. Le nid est placé dans
l'enfourchement d'un rameau, et se compose
de broussailles mêlées avec la mousse blanche d'un arbre, et tapissé d'un gazon délicat
et de la laine des brebis. Cet oiseau pond
quatre à cinq œufs bleuâtres, qui ont en général une bande couleur de rouille à leur plus
grande extrémité. Il aime à construire son nid
dans la proximité des maisons et des grands
chemins. On le trouve en abondance dans
quelques parties des Pays-Bas ; mais, comme

le lanier rouge, il ne reste que durant l'été
en Angleterre.

Agnès et sa maman se mirent à rire de cette
recherche d'élégance, qui s'accordait peu
avec les habitudes d'un tel oiseau.

M. Trelawney venait d'ouvrir une autre
armoire. Voici, dit-il, *le lanier de Geof-
froy*, et c'est un curieux petit oiseau. On le
distingue des autres laniers par son bec droit
et délicat, et son plumage flottant et recourbé.
Sa couleur est d'un beau pâle, nuancé d'un
blanc éclatant. Je n'ai plus qu'un seul oiseau
de cette famille à vous faire voir, et on l'appelle le gobeur de mouches. Cette espèce
touche de très près aux laniers, mais ils sont
moins forts. Loin d'attaquer les petits oiseaux
ils se contentent des mouches et des insectes; de là dérive leur nom. Le gobe-mouche
est un oiseau qu'on rencontre peu en Angleterre; il n'y reste que durant l'été, et on le
trouve près des lacs du Westmoreland et du
Cumberland.

XII

LE DODO.

M. Trelawney décrocha de la muraille une peinture qu'il leur montra, en demandant si elles savaient quel en était l'objet. Agnès prit l'oiseau qu'elle représentait pour une grosse dinde ; mais mistriss Merton demanda si ce n'était pas le dodo , espèce d'oisean qui n'existe plus maintenant.

— Oui, reprit M. Trelawney. Il est de fait que quelques animaux, connus autrefois, sont tout-à-fait disparus, laissant toutefois des traces de leur existence dans les squelettes fossiles. L'époque à laquelle ils ont appartenu est si éloignée de nous, que leurs squelettes ont le seul moyen que nous ayons pour cons-

stater qu'ils ont vécu. Un animal qui est en-
tièrement effacé de la mémoire des hommes,
est le dodo. Cet oiseau ressemblait beaucoup
au dindon, mais il était plus grand, incapa-
ble de voltiger, et paraissait né pour manger.

Le dodo, ajouta M. Trelawney, fut trouvé
dans les îles de l'Océan Indien qui, lors de
leur découverte par les Européens, étaient
inhabitées et d'un accès fort difficile. Le
groupe situé à l'est de Madagascar, qui se
compose des îles Bourbon, Maurice et Rodrigue, fut le premier où abordèrent les hardis
navigateurs du Cap ; et ce fut là que l'on
trouva les dernières traces de cet oiseau vraiment remarquable, qui disparut de l'île Bourbon et de l'île Maurice, parce qu'elles furent plus visitées, et les premières colonisées
par les Français. Il resta davantage dans l'île
Rodrigue, qui est d'un accès difficile, et sans
rade où un équipage puisse jeter l'ancre.
Pendant mon séjour de plusieurs années dans
toutes les îles autour de Madagascar, je ne
rencontrai aucune trace du dodo pas plus que
de Paul et Virginie, dont l'histoire est si belle
et si touchante. Je découvris la copie très
rare du voyage de Leguat, qui fut un des premiers visiteurs de l'île Rodrigue. Le résultat
de ses observations, comme voyageur et zoo-
logiste, c'est qu'un oiseau de la taille du dodo

a dû réellement exister, quoiqu'il n'en restât que le bec et le pied, conservés dans le musée d'Oxford, et un autre pied dans le musée Britannique. J'eus là satisfaction d'examiner tous ces débris à mon retour de l'île Maurice, en 1816.

L'île Rodrigue ou l'île de Diégo Ruys, quoique vue par quelques-uns des premiers voyageurs depuis la découverte de la route des Indes par le cap de Bonne-Espérance, ne paraît pas cependant avoir été visitée jusqu'à l'époque du voyage de Legnat. On peut l'attribuer à sa forme inabordable, un banc de madrépores dont elle paraît environnée, et contre lequel la mer se brise en courroux à une distance considérable du rivage.

De tous les oiseaux qui habitent cette île, raconte ce voyageur, le plus remarquable est celui qu'on appelle le solitaire, parce qu'on le voit rarement par bandes, quoiqu'il y soit en grande abondance.

Les mâles ont généralement un plumage brun ou grisâtre, et à peu de chose près le pied du dindon. A peine ont-ils une queue, et leur dos recouvert de plumes est arrondi comme la croupe du cheval. Ils sont plus hauts que le dindon, ont le cou droit, peut-être un peu long en proportion de ce qu'il est quand l'oiseau lève la tête. Ils ne peuvent pas voler dans les airs, leurs ailes étant trop courtes pour supporter la pesanteur de leur corps ; ils ne s'en servent que pour se battre les flancs et tourner tout à l'entour ; lorsqu'ils appellent un compagnon à eux, ils font vingt à trente tours dans la même direction, durant quatre ou cinq minutes ; le mouvement de leurs ailes produit alors un bruit semblable à celui que fait la crécerelle, et qu'on entend à deux cents pas de distance. L'os de leur aileron s'élargit à l'extrémité, et forme au-dessous des plumes une sorte de petite masse ronde comme la balle d'un mousquet ; ceci, joint à leur bec, compose leur seule défense. Il est difficile de les attraper dans les bois ; mais comme l'homme court avec plus de rapidité, il parvient à les saisir dans les lieux découverts ; il les approche même sans peine. Depuis le mois de mai jusqu'au mois de septembre, ils sont extrêmement gras, d'une excellente saveur, surtout quand ils sont jeunes. Les mâles pèsent quelquefois jusqu'à vingt-cinq livres ; Herbert dit cinquante.

La femelle est admirable de beauté. Quelques-unes sont à peu près toutes blanches, d'autres d'une couleur brune. Elles ont une espèce de bandeau, comme le bandeau de la veuve, au-dessus du bec, couleur d'écorce de chêne. Une plume ne dépasse pas l'autre sur

leur corps, elles ont grand soin de les assujétir avec leur bec. Les plumes de la queue
sont rassemblées en forme de coquille, et
comme elles sont très épaisses, elles produi-
sent un agréable effet. Les femelles se pro-
mènent avec tant de grâce et de majesté qu'il
est impossible de ne pas les admirer.

Quoique ces oiseaux se laissent facilement
approcher lorsqu'on ne les poursuit pas, ils
ne sont pas plus aisés à apprivoiser; dès
qu'on les a attrapés, ils versent des pleurs
sans faire de bruit, et refusent obstinément
toute nourriture, jusqu'à ce qu'ils aient fini
par mourir. On trouve toujours dans leur gésier une pierre brunâtre, de la grosseur d'un
œuf de poule, avec de légers tubercules,
plate d'un côté, arrondie de l'autre, très pesante et très dure. Nous imaginons que cette
pierre naît avec eux; car quelque jeunes que
nous les ayons pris, elle y était, et il n'y en
a jamais eu plus d'une; indépendamment de
cette circonstance, le canal qui passe du jabot
au gésier est trop étroit de moitié pour livrer
passage à une telle masse. Nous nous en ser-
vions de préférence à toute autre pierre pour
repasser nos couteaux.

Lorsque ces oiseaux construisent leur nid,
ils choisissent d'ordinaire un endroit uni, et
l'élèvent d'un 'pied et demi au-dessus de la

terre, sur un tas de feuilles de palmier qu'ils
rassemblent dans ce but. La femelle ne pond
qu'un seul œuf qui est beaucoup plus gros que
celui d'une oie. Le mâle et la femelle le cou-
vent tour à tour, et il n'est éclos qu'à peu
près au bout de sept semaines. Pendant toute
cette période de couvement, ou durant celle
de l'éducation de leur petit, qui ne peut pour-
voir à ses propres besoins qu'au bout de
quelques mois, ils ne laissent aucun oiseau
approcher de deux cents pas de leur nid;
mais ce qui est bien plus singulier, c'est que
le mâle ne chasse jamais les femelles; s'il en
aperçoit une, il fait son bruit ordinaire, en
tournant tout à l'entour, pour appeler sa
compagne qui vient immédiatement et donne
la chasse à l'étrangère, jusqu'à ce qu'elle l'ait
fait fuir au-delà de ses limites. La femelle
agit de même, et laisse au mâle le soin de
poursuivre ceux de son espèce. C'est une
circonstance dont nous fûmes si souvent les
témoins que j'en parle avec connaissance de
cause. Ces combats durent souvent fort longtemps, car l'oiseau étranger se détourne seulement du nid sans le quitter tout-à-fait;
néanmoins les autres ne lâchent prise qu'a-
près l'en avoir fait déguerpir.

Cette relation de Leguat nous fournit une

description détaillée, quoique peu élégante, du dodo, et nous donne son histoire.

En ce moment un domestique entra avec une lettre pour mistriss Merton, qui portait sur son adresse : *très pressée*, et que mistriss Wilson venait d'envoyer. Agnès vit sa mère changer de couleur en la lisant.

— J'espère qu'elle ne contient pas de mauvaises nouvelles? dit M. Trelawney.

— Pas d'autre, reprit mistriss Merton, si ce n'est qu'il me faut retourner immédiatement en ville.

— C'est donc une mauvaise nouvelle, maman? s'écria Agnès ; nous sommes si bien ici ; nous n'avons pas vu la moitié du musée de M. Trelawney, ni sa ménagerie. Oh ! ma chère maman, êtes-vous donc obligée de partir ?

— Il le faut, dit mistriss Merton.

— J'espère que nous nous reverrons encore, reprit M. Trelawney.

En cet instant, Ungha, qui s'était tenu tranquille, mais que cela ennuyait, et qui n'aimait pas à voir partir mistriss Merton et Agnès, poussa un cri particulier pour attirer l'attention de son maître.

— Ah ! tu es là, Ungha, dit le vieux gentilhomme ; et se tournant vers mistriss Merton, il ajouta : Voulez-vous permettre à la petite d'accepter ce petit singe comme un souvenir de moi? Il semble l'avoir prise en amitié, et il est une intelligente et fidèle créature qui n'a rien de malfaisant.

Agnès fut ravie de joie ; elle remercia mille et mille fois le bon vieux Monsieur ; et sa maman y ayant consenti, Ungha fut placé dans la voiture que mistriss Wilson venait d'envoyer pour elles. Ces dames firent leurs adieux à M. Trelawney, en l'assurant qu'elles n'oublieraient jamais le plaisir qu'elles avaient trouvé chez lui, et lui répétant que, sans s'en douter, il leur avait fait d'admirables sermons sur la divine Providence.

Le lendemain elles retournèrent en ville ; Ungha se comporta bien durant le voyage, et il ne donna jamais lieu à mistriss Merton ou à Agnès de se repentir de leur hospitalité.

FIN.

Limoges. — Typ. F. F. Ardant frères.

www.ingramcontent.com/pod-product-compliance
Lightning Source LLC
LaVergne TN
LVHW021029050726
842519LV00003B/794